출발!

한식

김치찌개

#칼칼함이땡길때 #고기육수

✦

재료(2인분)

돼지고기 목살 120g, 쌀뜨물 2컵, 자른 김치 1컵, 다진 마늘 2큰술, 청양고추 1/2대, 대파 1/2대, 고춧가루 4큰술, 국간장 1큰술, 새우젓 1큰술

조리법

① 대파와 청양고추는 송송 썰어 준비한다.
② 냄비에 목살과 쌀뜨물을 넣고 충분히 끓여 고기 육수를 우린다.
③ 고기 육수가 충분히 우러나면 김치와 다진 마늘을 넣는다.
④ 국물이 끓어오르고 김치가 푹 익으면 대파와 청양고추를 넣는다.
⑤ 고춧가루를 넣고 잘 섞는다.
⑥ 국간장과 새우젓으로 간을 한다.

✦

한식

삼겹살

#소울메이트 #쌈장 #참기름 #콕

✦

삼겹살과 궁합이 좋은 음식 BEST 3

김치

불판에 고기와 같이 올려 구워 먹는 김치는 삼겹살의 오랜 짝꿍. 포인트는 고기 기름이 흘러내려 가는 곳에 김치를 올려 구워야 더 맛있다.

명이나물

삼겹살의 콜레스테롤 수치를 떨어트린다는 효과로 대두된 명이나물이 이제는 기본 반찬으로 나올 정도로 공식적인 조합이 되었다. 꼭 건강 때문만이 아니라 느끼한 입맛을 잡는 데도 그만이다.

냉면

삼겹살과 냉면의 조합은 낯설지만 익숙하다(자매품 갈비+냉면, 돈가스+냉면). 물냉면, 비빔냉면 입맛대로 먹는다. 어느 프랜차이즈 삼겹살집에서는 비빔면도 먹을 수 있게 제공될 정도니 검증된 조합이다.

✦

분식

떡튀순

#튀김범벅 #순대내장간많이요

✦

떡볶이, 튀김, 순대의 줄임말인 떡튀순. 이미 줄임말로도 뜻이 통하는 만큼 분식계 삼대장을 한 번에 먹을 수 있는 진리의 조합이다. 떡볶이 소스에 순대와 튀김을 푹 찍어 먹는 것만큼 침샘 폭발하는 자극적인 것이 또 있을까? 음료는 콜라나 쿨피스를 곁들여 마시곤 하지만, 시원한 맥주 한 잔과 먹어도 좋은 안주가 된다. 떡볶이 체인점에 배달 주문해서 먹는 것이 일반화되었지만 길거리 포장마차에서 어묵 국물까지 곁들여 먹는 떡튀순은 잊을 만하면 생각나는 추억의 분식이다.

✦

중식

짜장면

#종류도여러가지 #중식은짜장면이진리

✦

간짜장	육수를 넣지 않고 재료와 춘장만을 볶아 면 위에 따로 부어 먹는 짜장면
사천짜장	중국 사천식 짜장면으로 고추기름이 더해져서 매운맛이 강한 짜장면
삼선짜장	돼지고기, 닭고기, 새우, 전복, 죽순, 표고버섯, 해삼 중 세 가지를 넣은 짜장면
유니짜장	돼지고기, 감자, 양파 등 들어가는 재료를 모두 잘게 다져서 만든 짜장면
유슬짜장	돼지고기를 길쭉하게 채로 썰어 넣고 조리한 짜장면
옛날짜장	큼직하게 썬 감자와 양파를 듬뿍 넣고 흥건하게 국물을 부은 짜장면

✦

일식

#입에서살살녹는다 #골라먹는재미

초밥 메뉴판 읽기

연어	さけ 사케	조개관자	かいばしら 카이바시라
참치	まぐろ 마구로	굴	かき 카키
광어	ひらめ 히라메	전복	あわび 아와비
도미	たい 타이	날치알	とびこ 토비코
고등어	さば 사바	연어알	いくら 이쿠라
붕장어	あなご 아나고	성게알	うに 우니
장어	うなぎ 우나기	문어	たこ 타코
새우	えび 에비	오징어	いか 이카

양식

햄버그스테이크

#토마토소스와찰떡

✦

내 접시 위의 햄버그스테이크를 안 먹을 수 없었다. 좋아하진 않았지만 하나쯤은 먹을 수 있지. 한입 먹은 다음 깊이 반성했다. 이 미천한 편식자여, 당신은 또 한 번의 기회를 놓칠 뻔했다. 탄식이 절로 나왔다. 인생에서 먹어본 것 중 가장 맛있는 햄버그스테이크가 거기 있었다. 수식어도 필요 없이 '맛있다!'라는 단어만 머릿속에 가득해지는 순간이었다. 아예 멀리 있는 햄버그스테이크 접시를 가까이 당겨놓고 몇 개를 더 먹었는지 모른다. (…) 마늘을 듬뿍 넣은 돼지고기 햄버그스테이크를 잘 구워 토마토소스에 하루 절인 다음 날, 데워 먹는다고 했다. 처음 보는 형태였다. 토마토소스의 감칠맛이 햄버그스테이크 안쪽까지 잘 배어들어 꽉 찬 맛을 선사해주는 게 비결인 듯했다.

김광연 『밥 먹는 술을 차렸습니다』

✦

동남아식

쌀국수

#고수를넣느냐마느냐 #그것이문제로다

고수 넣지 마세요.

베트남	Không cho rau thơm 콩 쪼 라우텀
태국	ไม่ใส่ผักชี 마이싸이팍시
중국	不要香菜! buyao xiangcai 부 야오 샹차이
미국	No coriander, please. 노 코리안더, 플리즈

프랜차이즈

교촌 허니 콤보

#교촌반반콤보와허니순살S주문시 #레드간장허니세가지맛보기가능

✦

발효 간장과 통마늘이 들어간 달짝지근한 허니 소스에 닭날개, 닭다리가 만난 허니 콤보. 출시된 이래로 교촌치킨의 효자 메뉴로 등극했다. 매콤한 맛을 원한다면 레드 디핑 소스도 추가할 수 있다. 한 번도 안 먹어본 사람은 있어도 한 번만 먹은 사람은 없다고 한다. 콤보는 닭날개, 닭다리만 나오니 한 마리를 통째로 먹고 싶다면 허니 '오리지날'을 주문하면 된다.

✦

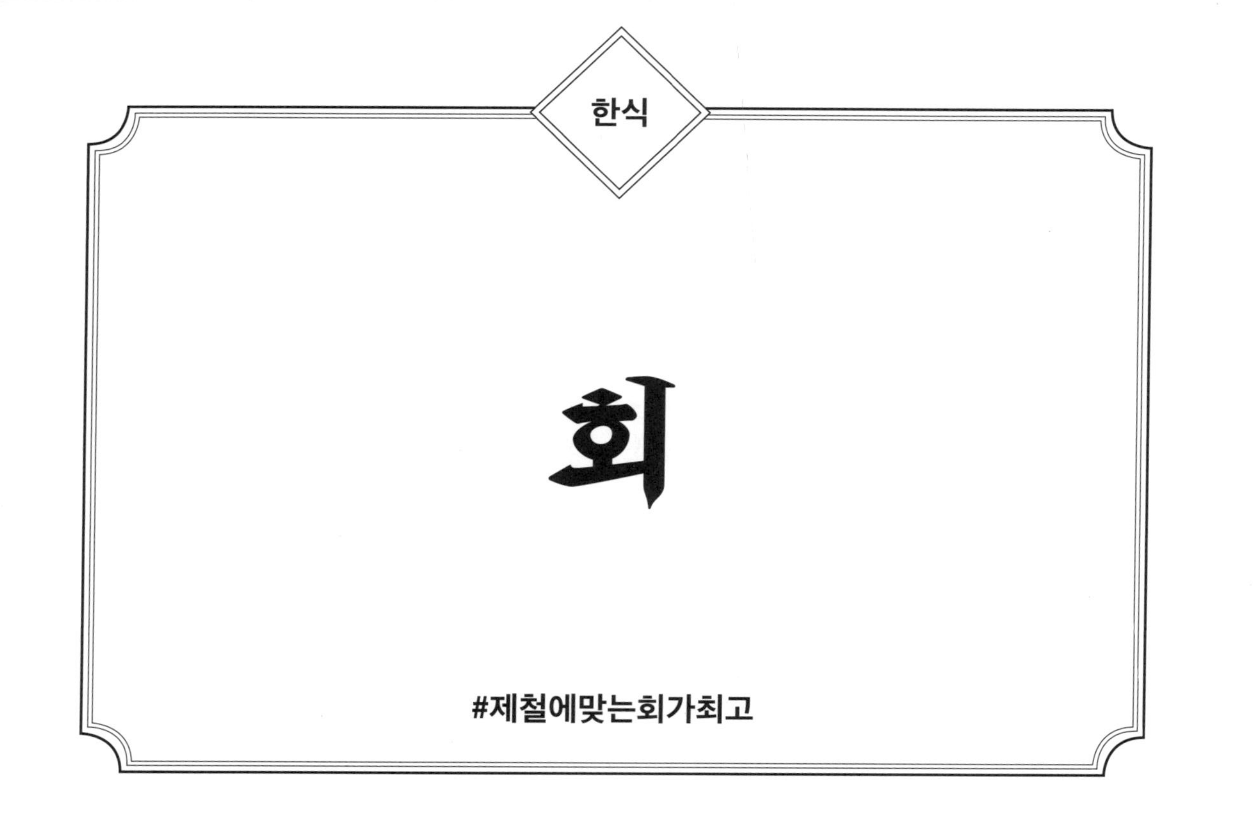
한식
회
#제철에맞는회가최고

제철 수산물

월	수산물	월	수산물
1월	굴, 홍합	7월	전복, 장어
2월	붉은대게, 꼬막	8월	갈치, 문어
3월	숭어, 넙치	9월	꽃게, 새우
4월	도다리, 멍게	10월	전어, 낙지
5월	바지락, 가자미	11월	대구, 고등어
6월	갑오징어, 참돔	12월	과메기, 대구

국립수산물품질관리원

한식

함흥냉면

#가자미와황태양념 #비냉

✦

함흥냉면은 이북식 회냉면으로 가자미와 황태를 양념하여 냉면으로 즐겼다. 평양냉면이 물냉면인 반면 항흥냉면은 비빔냉면이다. 북쪽으로 올라갈수록 매운 것을 즐기지 않지만 이 함흥냉면은 예외다. 함흥냉면은 녹말가루, 평양냉면은 메밀가루로 만들어지며, 분식집이나 고깃집 후식으로 먹는 칡냉면은 칡 전분에 밀가루를 섞어 반죽하여 만든다.

✦

한식

된장찌개

#냉이와달래 #차돌 #해물 #찰떡궁합

✦

그때는 몰랐고 지금은 알게 된 봄의 맛

된장국에도 냉이와 듬성듬성 썬 달래가 한 움큼 들어 있다. 숟가락으로 달래를 국물에 푹 눌렀더니 뽀얀 김을 따라 봄나물 향이 살살 올라온다. 입안에 가득 찬 기대를 달래기 위해 숟가락으로 냉이와 달래를 함께 떠 뜨끈한 국물을 맛봤다. 호로록, 바짝 말랐던 혀뿌리 깊은 곳에서 지난봄을 기억하고 있었다. 어릴 적 엄마는 매년 봄마다 호미와 까만 봉지 하나를 들고 우리 삼 남매와 함께 집 근처 뒷산에 올랐다. 동생들과 나는 엄마를 따라 쑥이나 냉이도 캐긴 했지만, 하얀 토끼 꼬리를 닮은 몽글한 토끼풀 꽃을 엮어 반지를 만들거나 잎사귀를 엮어 왕관을 만들어 노는데 더 열중했다. 달래며 쑥을 캔 날이면 어김없이 초저녁부터 냉이가 든 된장찌개 냄새가 진하게 풍겼다. 아빠는 향이 참 좋다고, 봄에는 이만한 게 없다며 수고한 엄마를 치켜세워주곤 했다. 그때의 나는 쓰기만 한 냉이 된장찌개를 향긋하다고 말하는 아빠를 이해하지 못했다.

정보화 『계절의 맛』

✦

한식

춘천 닭갈비

#볶음밥필수 #사이다원샷

✦

닭갈비는 1960~70년대에 닭을 돼지갈비처럼 고추장 양념에 재워 숯불에 구워서 팔던 것으로 시작되었다. 저렴한 가격에 배부르게 먹을 수 있는 음식으로 각광받으면서 닭갈비가 유행처럼 번졌다. '춘천 닭갈비'가 유명한 이유는 당시 춘천에 양계장이 많았고, 춘천 인근으로 대학생들이 MT를 많이 가면서 가성비 좋은 음식을 따졌기 때문이다. 조랭이떡, 고구마, 파, 양배추, 치즈 토핑까지 닭갈비를 즐길 방법 또한 무궁무진하다. 잘 익은 닭갈비를 깻잎에 싸서 먹으면 별미다.

✦

분식

참치김밥

#초고추장찍어먹으면별미

✦

기름기 빠진 참치에 마요네즈의 고소함, 향긋한 깻잎의 맛까지 어우러져 남녀노소 즐길 수 있는 김밥. 일반 김밥을 먹기엔 아쉬운 입맛일 때, 쫄면이나 라면처럼 다른 음식과 곁들일 때 참치김밥은 빠지지 않는 좋은 음식 메이트다. 김밥 가게에서는 참치+마요네즈+깻잎이 일반적인 조합이지만 집에서 돌돌 말아먹을 때는 깻잎 대신 묵은지 김치나 와사비를 넣어 참치마요의 느끼한 맛을 잡아줄 수 있다. 묵은지 참치김밥은 연예인 이영자의 추천 김밥이기도 하니 맛은 보장될 것이다.

✦

중식

짬뽕

#비오는날은역시

군산 짬뽕 리스트

복성루	전북 군산시 월명로 382
빈해원	전북 군산시 동령길 57
수송반점	전북 군산시 동메3길 23
쌍용반점	전북 군산시 내항2길 121
영화원	전북 군산시 구영5길 112
정선	전북 군산시 나운안1길 33
지린성	전북 군산시 미원로 87

한식

꽁치 김치찌개

#세상간단 #이효리도먹은별미

✦

긴장을 내려놓고 언제든지 쉽게 만들어 먹는 꽁치 김치찌개

푹 익어 시큼한 냄새가 나는 김치 한 포기를 꺼내 냄비에 통째로 둘둘 말아 넣고 김치가 잠길 정도로 자박하게 물을 부어준다. 아무래도 푹 끓이려면 시간이 조금 걸린다. 찌개의 핵심은 오래 뭉근히 끓이는 데 있지 않을까. 김치를 올려두고 다른 일을 하면 되니 서둘러 불에 냄비부터 올려둔다. 김치 안쪽에 남아 있는 양념이 물에 잘 풀어지도록 숟가락으로 김치를 꾹꾹 눌러주니 누를 때마다 새콤한 냄새가 코끝을 쿡 찌른다. 찰나에 군침이 고인다.

정보화 『계절의 맛』

✦

양식

알리오 올리오

#마늘 #올리브오일 #초간단

코끼리 마늘을 아세요?

‘코끼리 마늘’이라는 이름에 걸맞게 일반 마늘보다 10배까지 큰 이 마늘은 얼핏 외래종같이 생겼지만, 한국의 고유 토종 작물이다. 1940년대까지 재배되다 소비가 많지 않아 점차 사라졌다. 미국에서 코끼리 마늘의 종자를 유전자원으로 수입했고 미국의 현지화를 통해 외국에서도 쉽게 만나볼 수 있다. 코끼리 마늘은 맵지않고 달짝지근한 맛이 강하다. 알리오 올리오를 만들기 위해 작은 마늘을 끊임없이 썰어야만 했는데 이 코끼리 마늘 한 개를 편으로 썰어 쉽게 알리오 올리오를 해 먹자!

동남아식

팟타이

#볶음쌀국수 #땅콩가루포인트 #나시고랭친구 #똠얌꿍도함께

✦

새로운 요리를 하고 싶어 어글리 딜리셔스 수프 팟타이

소스들을 보니 태국의 대표 요리 팟타이가 떠올랐다. 팟은 볶음이라는 뜻이고, 타이는 말 그대로 태국이라는 뜻이므로 우리말로 풀면 태국식 볶음요리다. 순간 국물을 자작하게 남겨 팟타이의 변형을 하면 어떨까 하는 생각이 들었다. 짬뽕처럼 볶아서 국물이 있는 요리면 될 것 같았다. 팟타이 특유의 새콤달콤한 맛을 거부감 없이 술과 함께 술술 들어갈 수 있게 균형을 맞췄다. 피시소스로 간을 맞추고, 몇 종류의 식초와 설탕을 조금씩 넣어가며 맛을 잡았다. (…) 잘 먹어주는 것을 보니 만든 보람이 요동쳤다. 즐거운 요리, 아 즐거운 요리사의 삶이구나.

김광연 『밥 먹는 술집을 차렸습니다』

✦

프랜차이즈

롯데리아 불고기버거

#달달소스 #추억의생일파티 #처음만난햄버거

✦

치즈버거, 데리버거, 비프바비큐버거, 치킨버거, 새우버거, 불고기버거, 한우불고기버거, 핫크리스피버거, 유러피안치즈버거, 빅불버거, T-Rex, 모짜렐라인더버거, AZ버거, 와규에디션2, 40주년 기념 레전드버거… 수많은 롯데리아의 버거가 사랑받고 있다. 최근엔 국민 투표를 통해 다시 먹고 싶은 롯데리아 버거로 1위는 오징어버거 2위는 라이스버거가 뽑혔다. 이제는 다양한 햄버거를 즐길 수 있지만 햄버거가 무엇인지 모를 때 처음 그 맛을 알게 해준 롯데리아의 불고기버거. 오늘은 한국식 불고기버거를 전파한 전통 버거를 먹어보는 것은 어떨까.

✦

한식

곱창전골

#록밴드도반한맛 #소곱창 #돼지곱창 #난둘다

✦

곱창전골

1999년부터 한국에서 활동 중인 일본인으로 구성된 록 밴드. 한국의 1960~70년대 록 음악을 듣고 연구하다가 밴드를 결성했다. 한국에서 곱창전골을 먹었을 때, 한국 록 음악을 접했을 때와 같은 충격을 받아서 밴드 이름을 '곱창전골'로 지었다. 그들의 앨범은 1집-안녕하시므니까, 2집-나와 같이 춤추자, 3집-그날은 올 거야, 4집-메뉴판, 5집-History Of The Kopchangjeongol이 있다. 곱창전골의 소속사는 샐러드다.

✦

배 고프시죠?
왼쪽으로 3장 넘기세요.

◀ ◀ ◀

프랜차이즈

엽기떡볶이

#매운맛몇단계까지가능하세요

✦

알바생이 말해주는 소스 비법

신당동 떡볶이 소스

고추장 3큰술, 참기름 1큰술, 올리고당 1큰술, 설탕 4큰술, 간장 2큰술, 다진 마늘 0.5큰술, 후추 약간

엽기 떡볶이 소스

고추장 1큰술, 고춧가루 3큰술, 물 3컵, 설탕 2큰술, 카레 가루 2큰술, 다시다 1큰술, 물엿 1큰술, 후추 약간

짜장 떡볶이 소스

고추장 1큰술, 고춧가루 1큰술, 짜장 분말 3큰술, 물 4컵, 설탕 0.5큰술, 다진 마늘 0.5큰술, 간장 0.5큰술

✦

한식

순두부찌개

#초당순두부 #해물순두부 #들깨순두부

✦

새벽 해의 맛, 초연한 초당순두부

곧 하얀 대접에 뽀얀 순두부가 한가득 나왔다. 몽골몽골 덩어리진 순두부에 김이 폴폴 올라온다. 잠깐 멍하니 순두부를 바라보며 생각했다. 아, 이 대접 속에 몸을 풍덩 담그면 참 포근하겠구나. 그만큼 넉넉하고 따뜻한 느낌이었다. 순하고 차분한 맛. 그 순한 것을 숟가락으로 떴다.

정보화 『계절의 맛』

✦

한식

오징어순대

#속초명물 #쫄깃쫄깃

✦

재료

오징어 2마리, 찹쌀 2컵, 불린 시래기 400g(시판용)

양념

된장 1큰술, 고춧가루 1큰술, 간장 2큰술, 다진 마늘 1큰술, 다진 생강 1작은술, 고추 2개, 대파 1줄기, 참기름 1큰술, 후추 약간

레시피

① 찹쌀은 30분 정도 불려놓고 불린 시래기는 곱게 다진다.
② 오징어는 몸통 쪽으로 내장을 빼고 깨끗이 씻는다.
③ 양념 재료를 모두 섞는다.
④ 찹쌀에 시래기와 오징어 다리 살을 다져 넣고 양념을 버무려 소를 만든다.
⑤ 오징어 몸통에 만든 소를 넣고 끝을 이쑤시개로 엇갈려 찌른다.
⑥ 찜통에 오징어를 30분간 찐 후, 식으면 한입 크기로 썬다.

✦

분식

쫄면

#삶은계란필수 #군만두와찰떡

매콤하고 새콤한 양념장에 잘게 썬 오이와 양배추 등의 채소를 얹어 비벼 먹는 쫄면. 쫄깃쫄깃한 면이라는 뜻에서 붙여진 쫄면의 기원은 1970년대 초, 인천의 한 냉면 공장인 광신제면에서 면발을 만들다가 우연히 한 가닥 나온 굵고 질긴 국숫발에서 유래되었다는 설이 유력하다. 처음엔 면이 쫄깃하다 못해 너무 질겨 불량식품으로 오인당하기도 했다. 쫄면의 양념장은 시판용으로 따로 판매할 만큼 인기가 높다. 특히 여름철엔 더위에 지친 입맛을 돋우기 좋다. 양념장에 비벼 먹는 쫄면이 일반적이지만 육수를 부어 먹는(뜨거운 육수든 차가운 육수든 상관없다) 물쫄면도 별미다.

중식

탕수육

#탕수육짜장짬뽕세트가진리 #군만두서비스

✦

탕수육을 배달하는 중에 바삭함은 사라지고 흐물거리는 식감만 남아 소스를 따로 배달하기 시작했다. 이로 인해 부먹과 찍먹 논쟁이 일었다. 바삭한 식감을 오래 유지하기 위해 소스를 먹기 직전에 찍어 먹는 찍먹 스타일과 소스가 고기튀김에 스며들어 조화로운 맛을 원하는 부먹 스타일이 생겼다. 사실 부먹이든 찍먹이든 탕수육은 그냥 맛있다.

✦

일식

오므라이스

#달걀두께가생명

✦

프랑스의 오믈렛과 라이스의 합성어인 오므라이스의 고향은 일본 오사카다. 속이 좋지 않아 밥에 오믈렛만 먹는 단골손님을 위해 주인은 밥에 채소를 다져 볶은 다음 달걀 물을 덮어 케첩을 뿌려준 데서 시작했다. 간단하면서도 영양가 많은 오므라이스는 일식집, 분식집, 중국집, 가정집 메뉴에서 빠지지 않는 요리기도 하다.

✦

양식

하와이안 피자

#끝나지않는호불호전쟁

피자를 먹는 두 종류의 사람이 있다. 파인애플이 들어 있는 피자를 먹는 사람과 먹지 않는 사람. 파인애플 같은 과일을 따뜻하게 익혀 먹는 것이 익숙지 않아 호불호가 갈린다. 하와이안 피자는 고소하고 짭조름한 치즈에 달콤새콤한 파인애플 과즙이 가득 배어나오는데, 한 번 중독되면 하와이안 피자의 매력에 빠져나오지 못한다. 하와이안 피자 한 판이 부담스럽다면 페퍼로니 피자와 반반 나눠서 주문하거나 다른 토핑에 파인애플을 추가해서 먹어보길 추천한다.

동남아식

분보싸오

#베트남만두짜조와함께

베트남식 비빔국수인 분보싸오는 입맛을 돋우기에 제격인 음식이다. 쌀국수집에서 메뉴를 고를 때 국물 요리가 부담스럽다면 분보싸오를 추천한다. 분보싸오는 얇은 면을 사용하는 게 특징이며 다양한 채소와 구운 고기로 조리하고 생선을 발효 시켜 만든 피시 소스인 느억맘(Nuocmam) 소스가 들어간다. 느억맘 소스는 간을 맞추거나 양념을 재우거나, 음식을 찍어 먹을 때 사용하기도 한다.

프랜차이즈

이삭토스트
베이컨 토스트

#스페셜 #VIP #MVP

저렴한 가격에 요기할 수 있는 이삭토스트는 주머니가 부족한 이들에게 언제나 인기다. 심사숙고하여 주문하면 장인의 손길로 팬에 버터를 쓱 바른 후 빵을 굽고 특제 소스를 바르고 달걀을 프라이한 뒤, 주문한 재료를 얹어 만들어진다. 모든 메뉴가 맛있다고 하지만 그중에서도 베이컨 토스트는 스테디셀러다.

이삭토스트 메뉴

햄스페셜토스트, 감자토스트, 베이컨포테이토피자, 스테이크햄VIP토스트, 더블치즈돈까스, 더블치즈감자토스트, 피자토스트, 햄치즈토스트, 베이컨치즈샐러드베이글, 베이컨치즈베이글, 베이컨치즈머핀, 불고기MVP토스트, 새우MVP토스트, 핫치킨MVP토스트, 불갈비MVP토스트

중식

해물누룽지탕

#일반누룽지는안돼요 #찹쌀누룽지로만들어요

✦

누룽지를 튀겨 해산물과 채소를 볶아 걸쭉하게 만든 요리로 중국에서는 '꾸어빠탕'이라고 부른다. 누룽지탕의 주재료인 찹쌀 누룽지는 인터넷이나 중국 재료상에서 쉽게 구할 수 있다. 누룽지를 튀길 때 기름 온도가 낮으면 부풀지 않아 부드럽지 않으니, 온도를 잘 맞춰서 튀겨야 한다.

✦

한식

호박죽

#붓기빼는데최고 #하지만달게먹고싶어요

✦

농익은 가을의 맛, 늙은호박과 단호박

호박은 이뇨작용과 함께 부기를 제거하는 효능이 있다. 아미노산과 비타민 E도 풍부하다. 그래서 호박즙은 산후조리나 다이어트용으로도 많이 찾는 식품 중의 하나다. 나는 호박으로 만든 음식 중에 호박죽과 호박범벅을 가장 좋아한다. 짙은 노란빛의 호박죽과 호박범벅은 보는 것만으로도 달콤한 느낌이다. 따뜻하고 깊은 단맛을 내는 호박 한 그릇은 식사 대용으로도 훌륭하다. 좀 더 쌀쌀해진 날, 후후 불어먹는 달콤한 호박죽은 마음까지 따뜻하게 만든다.

김영주, 홍명희 『채소의 온기』

✦

한식

감자탕

#볶음밥 #라면사리 #수제비사리 #이것이고민

응암동 감자국 거리

서울시 은평구 응암동 대림시장에는 ‘감자국 거리’가 있다. 감자국은 감자탕의 다른 말로 1980년대 중반부터 응암동에서는 누구나 즐길 수 있는 친근한 음식으로 감자국을 팔기 시작했다. 감자국을 먹은 후에 라면 사리를 추가하거나 남은 국물로 볶음밥을 만들어 먹으면 푸짐한 한 상을 만나볼 수 있다.

불맛감자국	서울시 은평구 응암로 172-1
서부감자국	서울시 은평구 서오릉로 8
시골감자국	서울시 은평구 응암로 174
원조은평감자국	서울시 은평구 응암로 287
원조이화감자국	서울시 은평구 응암로 176-1
태조대림감자국	서울시 은평구 응암로 172

한식

간장게장

#밥도둑 #간장에김싸먹으면 #환상

한국인의 밥도둑 반찬 ‘간장게장’. 한때 홈쇼핑 채널을 강타했을 정도로 사랑받는 음식이다. 주홍색 알과 살을 발라 밥에 비벼 먹어도 맛있고, 게딱지에 밥 한술을 떠서 비비는 모습은 이미 사람들에게 익숙한 장면이다. 손맛 좋기로 소문난 연예인 김수미 하면 지금도 ‘간장게장’이 떠오를 정도로 시그니처 음식으로서 꾸준히 주목받기도 한다. 게에 간장을 부어 삭혀서 만드는 만큼, 식당마다 다른 간장이 게장의 맛을 좌우한다. 간장게장에 쓰이는 게는 암꽃게가 가장 맛이 좋다고 알려져 있다. 따뜻한 돌솥 밥에 간장게장을 비벼 먹는 것을 상상하기만 해도 군침이 돈다.

분식

라볶이

#쫄볶이와매번고민 #그래도역시

떡볶이에 라면 사리를 더한 라볶이. 떡볶이가 베이스인 만큼 라면 사리 외에 쫄면 사리, 체다치즈, 소세지 등 여러 가지 토핑을 넣어 먹어도 맛있다. 삶은 달걀노른자를 깨서 라볶이 국물에 으깨 먹으면 더 진한 맛이 난다. 얼얼할 정도로 매운 맛을 원한다면 불닭볶음면의 소스를 별첨으로 넣기도 한다.

중식

삼선볶음밥

#볶음밥시키면 #짜장소스짬뽕국물은덤

✦

삼선볶음밥의 삼선(三鮮)은 땅과 하늘, 바다의 재료를 사용하여 만든다는 뜻이다. 송이버섯, 목로버섯, 꿩, 해삼, 전복을 말하나 실제 요리에서는 돼지고기, 닭고기, 새우, 전복, 죽순, 표고버섯, 해삼 등을 사용한다. 삼선짜장면, 삼선짬뽕, 삼선볶음밥, 삼선누룽지탕이 있다.

✦

일식

카레라이스

#은근히밥도둑강자

일본의 카레는 영국식 커리의 영향을 받아 발전했다. 일본에서 카레 요리가 시작된 것은 1870년대로 국비 유학생 야마가와 겐지로(山川健次郎)가 미국으로 유학을 떠나는 배에서 처음으로 영국식 커리를 접했다. 또한, 1870년대 당시 요코하마 항이 개항되면서 이곳에 왕래가 잦았던 미국인들에 의해 영국식 커리가 널리 퍼진 것으로 전해진다. 영국에서 커리가 발전했던 1770년대 초반에는 미국이 영국으로부터 독립하기 전이어서 영국의 커리는 미국에 자연스럽게 유입되었을 것으로 보인다.

양식

치즈 샌드위치

#치즈주르륵 #치즈이즈뭔들

✦

영화 속 그 음식

〈아메리칸 셰프, 2014〉

일류 레스토랑 셰프인 주인공은 음식평론가의 혹평을 받자 트위터로 욕설을 보내고 레스토랑을 관두게 된다. 그 후 아들과 함께 '쿠바 샌드위치'를 만들어 푸드트럭으로 미국 전역을 일주한다. 그들이 만드는 쿠바 샌드위치는 빵 사이에 구운 고기를 넣고 그 위에 치즈와 피클을 올린다. 그리고 빵 위에 버터를 바르고 그릴에 노릇하게 굽는다. 간단하게 만드는 샌드위치지만 바삭한 빵에 주르륵 흐르는 치즈와 푸짐하게 들어간 고기의 조화라니! 당장이라도 쿠바 샌드위치를 맛보고 싶어진다. 쿠바 샌드위치 외에 주인공이 아들에게 만들어주는 치즈 듬뿍 샌드위치도 잠깐 등장하는데 영화를 보는 내내 군침이 돌게 한다. 영화 속 생생한 사운드와 영상, 신나는 라틴 음악과 함께 즐기는 푸드트럭 속 샌드위치를 만나보자.

✦

동남아식

반세오

#베트남 #여행고고

✦

베트남 식당이 많이 생기면서 베트남 음식이 친숙해졌지만, 여전히 사진 없는 메뉴판만 보면 까막눈이 되곤 한다. 올리브 채널에서 방영한 드라마 〈고양이띠 요리사〉를 보면 베트남 음식을 자세히 만나볼 수 있다. 베트남에는 실제로 고양이띠가 있는데, 호찌민에서 베트남 식당을 운영하는 주인공은 고양이띠 운세를 보며 하루를 시작한다. 베트남 음식을 주제로 한 드라마에서는 친숙하고 낯선 베트남 음식을 차근차근 소개하며, 드라마 끝에는 짤막한 레시피가 나온다. 드라마 중간중간 요리에 관한 설명이 자연스레 나오는데 요리할 때 들리는 생생한 소리에 나도 모르게 침을 꿀꺽 삼키게 된다. 〈고양이띠 요리사〉로 베트남 음식 여행을 떠나보자.

✦

프랜차이즈

새마을식당 열탄불고기

#연탄아님 #7분돼지김치 #입맛자극최강

양푼에 쌓아 올려 특제 양념이 뿌려져 나가는 열탄불고기. 돼지고기를 숙성시켜서 특제 고추장 소스에 버무린 것이다. 숯불에 구워 먹는 양념 고기는 7분 김치찌개와 꿀 조합을 자랑하는 새마을식당의 대표 메뉴다. '연탄'불고기라고 알려져 있지만 사실은 '열탄'불고기다.

한식

꼬막비빔밥

#강릉가고싶다 #꼬막잔뜩

✦

양념 얹은 꼬막에 밥을 비벼 먹는 것은 비빔밥의 민족 한국인이 보았을 때 특별할 것 없어 보인다. 그러나 강릉 여행객들 사이에서 어느 식당의 꼬막비빔밥이 맛있다고 입소문 나기 시작해 전국적으로 또 다른 체인점까지 생길 정도로 인기가 높아졌다. 새꼬막을 사서 해감하고 양념장을 만들어 직접 비빔밥을 해 먹어도 좋지만, 귀찮은 이들이라면 늘 평균적인 맛을 내는 체인점 식당에 가거나 양념된 꼬막을 양껏 사다가 집에서 비벼 먹어보자. 통조림 꼬막이나 통조림 골뱅이로 응용해서 먹어도 좋다.

✦

한식

소불고기

#서울식 #평양식 #광양식 #언양식

✦

소불고기는 크게 '육수 불고기'와 '석쇠 불고기'로 나뉜다. 육수 불고기는 서울식과 평양식으로 구분되는데 서울식 불고기는 소고기를 양념해 육수를 부어 채소와 당면 등을 끓이면서 먹는다. 평양식은 소고기 등심을 얇게 썰어 양념에 살짝 재어 불판 가운데에 올리고 육수는 가장자리에 부어 고기가 익으면 육수에 살짝 적셔 먹는다. 석쇠 불고기는 광양식과 언양식으로 나뉘는데, 광양식은 구리 석쇠에 직화로 굽고 언양식은 종이 한지를 석쇠 위에 깔아 굽는 특징이 있다.

✦

한식

삼계탕

#초복 #삼복더위 #이열치열

✦

여름에 가장 더운 기간은 초복부터 말복 사이이다. 더위를 물리치기 위해 복날에는 삼계탕을 먹는데 초복, 중복, 말복은 어떻게 정해지는 것일까? 초복은 하지 이후 세 번째 경일을 말한다. 경일(庚日)은 음력 날짜 중 '庚'이 들어간 날짜를 뜻한다. 즉, 하지가 지난날 이후 세 번째 돌아오는 '庚'이 들어간 날이 초복이 되고, 네 번째 돌아오는 경일은 중복이 된다. 말복은 입추가 지난 뒤 첫 번째 경일이다. 초복, 중복, 말복은 10일 간격으로 이어지며, 가끔 말복은 20일 간격이 될 때도 있다. 초복은 대략 7월 11일부터 19일 사이에 들어 있으며, 매년 날짜가 다르니 달력을 확인해야 한다.

✦

한식

낙지볶음과 소면

#이만한술안주또없습니다

오늘 하루 스트레스받는 일이 있었다면 얼큰하게 매운 낙지볶음을 먹어보는 것은 어떨까? 술안주로도 안성맞춤인 매콤한 낙지볶음에 소면을 돌돌 말아 먹고 술 한잔 기울이면 그날의 고단함이 날아갈 것만도 같다. 배를 든든히 채우고 싶다면 밥 한 공기도 비벼 먹어보자. 낙지볶음이 아니더라도 입맛에 따라 주꾸미 등으로 대체해도 좋다.

분식

잔치국수

#결혼식국수먹게해주세요의그국수

✦

잔치국수는 왠지 찬바람 불 때 더 입맛 돋우는 음식이다. 요즘엔 늘 먹을 수 있지만 예전에는 마을에 특별한 잔치가 있으면 다 같이 먹었다는 뜻에서 잔치국수라 부른다. 장수하라는 의미, 부부의 연이 오래 이어지라는 의미에서 잔치국수는 경사에 제격인 음식이다. '장국'이라 하여 고깃국물을 내서 먹기도 하지만 멸치 우린 육수를 부은 멸치국수가 최근에 더 보편화되었다. 여기에 달걀지단, 당근 볶음, 호박 볶음, 김치 볶음 등 취향껏 고명을 얹어 먹는다.

✦

중식

깐쇼새우

#XO볶음밥 #멘보샤와함께 #칭따오도주세요

✦

깐쇼와 깐풍의 다른 점

깐쇼새우와 깐풍새우. 둘 중 무엇을 시켜야 할지 망설여진다. 둘의 차이를 살펴보면 깐쇼는 재료를 튀겨 소스가 스며들 때까지 약한 불로 졸여서 만든 요리를 말하고, 깐풍은 국물 없이 마르게 볶는 음식을 말한다.

✦

일식

우동

#유부우동 #튀김우동 #그중제일은 #휴게소우동

✦

본래 야채와 해산물을 넣고 끓이는 중국 요리가 일본으로 건너가 대성공한 음식이다. 일본인들의 우동 사랑은 상상을 초월하는데 다카마쓰 공항에서는 우동 국물을 먹을 수 있는 수도꼭지가 있을 뿐 아니라, 우동 택시부터 우동 학교에 이르기까지 우동을 기반으로 한 다양한 사업을 전개하고 있다.

✦

양식

마르게리타 피자

#화덕피자 #1인1피자

✦

영화 속 그 음식

〈먹고 기도하고 사랑하라, 2010〉

자신의 삶을 찾기 위해 용기 내어 안정적인 직장과 편안한 삶을 내던지고 주인공은 일 년 동안 여행을 떠난다. 이탈리아에서는 맛있고 먹고, 인도에서는 기도하고, 발리에서 사랑을 찾게 되면서 내면의 행복을 발견한다. 첫 여행지인 이탈리아에서는 피자 한 판을 맛있게 먹고 피자와 사랑에 빠졌다고 말하는 주인공. 그동안 몸매 관리 때문에 음식 조절에 신경을 썼는데, 이탈리아에 와서 몸매 걱정은 접어두고 마음껏 먹는다. 바지가 작아지면 한 치수 큰 사이즈를 사면 되니까! 여행을 통해 용서와 치유, 그리고 다시 사랑하며 자신의 삶을 찾아 떠나는 여행을 함께 만나보자.

✦

동남아식

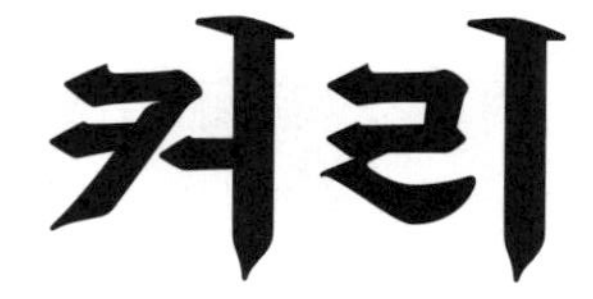

#샨티샨티 #인도인도인도사이다

✦

커리는 인도의 혼합 향신료인 마살라를 넣어 만든 요리다. 강황, 고수, 큐민, 계피 후추 등의 향신료가 들어간다.

도피아자 — 양파에 새우, 닭고기, 양고기가 들어가는 커리

마크니 — 토마토에 버터, 생크림이 들어가 부드러운 커리

빈달루 — 고추가 들어가 매운맛이 나며 식초, 마늘이 들어가는 커리

알루 — 감자에 콜리플라워나 양고기가 함께 들어가는 커리

팔락 파니르 — 시금치와 치즈로 만든 커리

✦

프랜차이즈

BBQ
황금 올리브 치킨

#바삭거리는소리 #오늘의ASMR

✦

2018년 치믈리에가 뽑은 치킨 1위. 치믈리에란 치킨+소믈리에(와인을 전문적으로 서비스하는 사람)의 합성어로 치킨을 적극적으로 소비하고 다른 이에게 추천해줄 정도로 많이 먹어본 전문가들이라고 할 수 있다. 배달 애플리케이션 '배달의 민족'이 실시한 시험에서 필기, 실기 각 영역에 통과한 치믈리에들이 가장 맛있는 치킨으로 BBQ의 황금 올리브 치킨을 뽑았다. 황금 파우더와 올리브오일의 조화로 특유의 바삭한 껍질과 육즙이 가득한 닭고기살이 맛있다는 게 주된 이유였다. 치킨의 민족, 그중에서도 나름의 전문가들이 꼽은 치킨이라니 믿음이 생긴다.

✦

한식

굴전

#굴입문자에게권함 #비오는날막걸리와함께

굴전

재료 굴 200g, 달걀 2개, 다진 마늘 1작은술, 밀가루 2큰술, 미나리 50g, 소금 약간

조리법

① 굴은 찬 소금물에 살짝 저으며 씻은 뒤 물기를 빼고, 굴에 밀가루를 입힌다.

② 소금과 다진 마늘, 달걀을 함께 섞어서 풀고, 미나리도 잘게 썰어 넣는다.

③ 밀가루를 입힌 굴을 달걀 물에 넣고 팬에 기름을 두른 후, 한쪽이 완전히 노릇하게 익으면 뒤집어서 마저 익힌다.

굴튀김

재료 생굴 12개, 물 2컵, 소금 1작은술, 식초 1큰술
튀김옷: 달걀 1개, 밀가루 1/4컵, 마늘 파우더 1작은술, 빵가루 1/3컵, 소금, 후추 약간

조리법

① 굴은 소금과 식초를 탄 찬물에 헹군다.

② 밀가루, 마늘 파우더, 소금, 후추를 섞은 가루(튀김옷 재료)에 굴을 묻히고, 달걀 물 -> 빵가루 순으로 마저 입힌다.

③ 170도 기름에 2~3분 정도 바삭하게 튀긴 다음 타르타르 소스에 찍어 먹는다.

윤혜신, 송지연 『한식으로 양식을』

일식

샤부샤부

#면사리 #볶음밥필수

✦

샤부샤부는 얇게 썬 소고기와 채소를 육수에 익혀 소스에 찍어 먹는 일본의 나베 요리 중 하나로, 나베는 일본의 냄비를 말한다. 나베 요리는 세 가지 종류가 있는데 샤부샤부처럼 먹을 재료를 살짝 익혀 건져 먹는 요리와 고기, 채소를 구워 소스에 살짝 졸여 먹는 스키야키, 모든 재료를 넣어 끓여 먹는 전골 요리가 있다.

✦

한식

사골국

#곰국 #깍두기 #김치

✦

익숙한 맛은 위로의 맛, 입천장 데일 정도로 뜨끈한 사골국

아, 맛있다.

온몸에 따뜻한 기운이 구석구석 퍼졌다.

조금 쪼그라든 마음이 펴지는 기분이었다.

낯선 곳에서 먹은 익숙한 사골국은 위로의 맛이었다.

밤새 불 앞을 지키며 많은 당부를 담아낸 엄마의 마음이었다.

정보화 『계절의 맛』

✦

한식

오삼불고기

#쫄깃한오징어 #기름지고부드러운삼겹살

✦

오징어는 발이 열 개라고 생각하지만, 사실은 여덟 개를 가졌다. 양쪽으로 길게 달린 것은 발이 아니라 팔이다. 먹이를 잡아먹을 때 긴 팔을 이용하고. 사랑할 때도 암컷을 끌어 안기도 한다. 갑오징어는 참오징어라고도 하는데 오징어 몸통에 납작하고 하얀 뼈가 있고 일반 오징어와 달리 기다란 팔이 없다. 꼴뚜기는 작은 크기 때문에 오징어의 새끼를 부르기도 하지만, 화살오징어과에 속하는 연체동물의 일종이기도 하다.

✦

분식

고기만두

#자매품 #김치만두 #갈비만두 #새우만두

밀가루를 반죽하여 얇고 고르게 편 피에 고기와 채소로 만든 소를 넣어 빚어서 만든 만두. 소에 김치, 돼지갈비처럼 다른 재료를 넣어 먹기도 한다. 갓 만들어진 만두를 먹을 땐 육즙이 뜨겁게 흘러내릴 수 있으니 젓가락으로 피를 살짝 갈라 육즙을 식힌 후 먹는 것이 좋다.

중식

잡채밥

#중국집숨은메뉴

✦

식사 메뉴

짜장면, 우동, 짬뽕, 간짜장, 울면, 삼선짜장, 기스면, 짬짜면, 복짬면, 군만두, 물만두, 볶음밥, 짜장밥, 짬뽕밥, 오므라이스, 삼선볶음밥, 새우볶음밥, 송이덮밥, 마파두부밥, 고추덮밥, 특밥, 유산슬밥, 해물잡탕밥, 잡채밥

요리 메뉴

마파두부, 탕수육, 계란탕, 사천탕수육, 난자완스, 깐풍기, 라조기, 깐쇼새우, 팔보채, 고추잡채, 부추잡채, 누룽지탕, 깐쇼중하, 양장피, 잡탕, 유산슬, 샥스핀, 해삼탕, 송이전복, 송이해삼

알뜰 세트 메뉴

탕수육+짜장 2+군만두
탕수육+짜장+짬뽕+군만두
탕수육+짬뽕+잡채+군만두
깐풍기+쟁반짜장+군만두

✦

일식

가라아게 정식

#순살치킨생각 #튀김은언제나사랑

✦

가라아게는 밀가루나 녹말가루만 묻혀 튀긴 요리다. 일본식 튀김인 덴뿌라는 밀가루, 물, 달걀을 섞어서 만든 튀김으로 반죽에서 차이가 있다. 치킨 가라아게는 일본에서 즐겨 먹는 요리로 이자카야나 가정에서도 쉽게 접할 수 있다. 닭고기, 생선, 채소로 가라아게를 만드는데 레몬을 함께 곁들여 즐기면 느끼하지 않고 산뜻하게 먹을 수 있다.

✦

양식

피시 앤드 칩스

#영국은 #뭐가맛있을까

✦

생선은 손질하기 번거롭고 튀기는 건 살짝 귀찮지만, 그래도 집에서 만들면 밖에서 만드는 양의 두 배가 넘게 만들 수 있어 만족도가 크다. 특히 상큼한 소스와 생선튀김의 조합이 자꾸만 맥주를 부른다.

재료 냉동 대구살 200g, 밀가루 200g, 튀김가루 200g, 물 300ml, 식용유, 소금, 후추

소스 마요네즈 4큰술, 레몬즙 1큰술, 딜 1줄기, 케이퍼 7톨, 올리브오일 1큰술, 소금, 후추

조리법
① 케이퍼는 다져준 뒤, 나머지 소스 재료를 볼에 넣고 섞는다.
② 밀가루와 튀김가루, 물을 넣고 섞는다.
③ 대구에 튀김옷을 입힌 뒤 170도에서 6분간 튀긴다.

마지 『퇴근 후 한 잔』

✦

양식

감바스 알 아히요

#감바스알하이요 #아니고요

감바스의 메인 재료만 건져 먹고 나면 아쉬운 기분이 들 때가 있다. 이때 남은 소스로 활용하기 좋은 요리는 '타파스'와 '알리오 올리오'다. 이미 감바스 알 아히요에 남은 올리브오일은 감칠맛 나는 양념이 되어 있으니 파스타 면을 삶아 휘리릭 볶아도 되고, 바게트나 캄파뉴같은 빵을 살짝 구워 올리브오일에 찍어 먹으면 감바스에서 부족했던 2%의 탄수화물이 꽉 채워지는 포만감을 더한다. 역시 탄수화물이 빠지면 섭섭하다.

프랜차이즈

맘스터치 싸이버거

#맘스터치감자튀김꼭드세요 #두번드세요

매콤한 치킨 통다리살이 그대로 들어간 싸이버거는 치킨을 사랑하는 한국인 누구나 즐길 수 있는 햄버거다. 다른 햄버거 프랜차이즈보다 상대적으로 저렴하다는 장점까지 있어 더욱 인기가 높다. 치킨 패티 전문점에서 싸이버거는 가장 기본 중의 기본 버거이니 이를 시작으로 다양한 치킨버거의 영역을 넓힐 수 있다.

한식

족발 보쌈 막국수

#양념족발도잊지마요

가장 인기 있는 배달 음식은?

1위	치킨
2위	한식, 분식
3위	중식
4위	피자
5위	족발, 보쌈
6위	돈가스, 회

분식

육개장 사발면

#큰사발면보다 #원래크기가좋아

영양정보

항목	값
1회 제공량	120g
칼로리	627.91kcal

성분

항목	값
탄수화물	88.74g
단백질	11.72g
지방	25.12g
당류	1.67g
나트륨	2662.33mg
콜레스테롤	0mg
포화지방산	11.72g
트랜스지방	0g

한식

쇠고기뭇국

#묻꾹귀욥 #시원하게한그릇

명사 쇠고기와 무를 썰어 넣고 끓인 국

발음 [쇠ː 고기무꾹] [쉐ː 고기묻꾹]

활용 쇠고기뭇국만 [쇠ː 고기무꿍만 / 쇠ː 고기묻꿍만 / 쉐ː 고기무꿍만 / 쉐ː 고기묻꿍만]

한식

쌈밥 정식

#푸짐한쌈 #돌솥과함께

점심시간 근처 백반집에서 먹는 쌈밥 정식은 든든한 한 끼가 되어준다. 밥, 국이나 찌개, 나물, 조림, 젓갈, 김치, 쌈장(우렁 쌈장)이나 고추장, 쌈 채소로 이뤄진 쌈밥 정식은 한국 전통의 반상 차림과도 닮았다. 보통 고추장에 볶은 제육 쌈밥이 기본이지만, 지역에 따라 생선이 주가 되어 고등어구이, 갈치구이가 상에 올라오기도 한다. 사찰에서는 채소 위주의 쌈밥을 먹을 수 있다.

한식

순대국밥

#순댓국엔 #새우젓 #초고추장 #쌈장

✦

순대국밥은 순대와 염통, 오소리감투, 막창, 곱창, 등 내장과 머리 고기가 들어간 국밥이다. 순대국밥에 들어가는 순대는 찹쌀과 당면을 기본으로 돼지 선지와 채소의 양을 조절하여 만든다. 지역마다 순대국밥은 비슷해 보이지만 막상 먹어보면 지역 특성에 맞는 차이가 있다. 순대의 종류(찹쌀, 피순대, 야채 순대)와 국밥이 끓여서 나올 때 국물의 색깔(다대기의 유무), 내장의 종류, 찍어 먹는 양념장, 부추와 겉절이 등에서 디테일한 차이가 있다. 지역마다 유명한 순대국밥 집은 하나씩 있으니 순대국밥 여행을 떠나도 좋겠다.

✦

한식

어복쟁반

#평양대표음식 #냉면에어울려요

✦

이름만 들었을 땐 생선이 들어가는 어(魚)복쟁반인 것 같지만, 어복쟁반은 '소고기' 편육이 들어가는 음식이다. 소고기 음식이면서 어복으로 불리게 된 정확한 이유는 알 수 없으나 소의 뱃살인 우복(牛腹)을 잘못 발음하게 된 것이 아닌가 추측된다. 소고기 편육을 얇게 썰고, 지단, 파, 배, 버섯, 전 등을 고명으로 얹은 다음 육수를 부어 소스에 찍어 먹는다.

✦

심호흡 한 번 더!
오른쪽으로 4장 넘기세요.

▶ ▶ ▶ ▶

일식

#소바먹을지우동먹을지 #매번고민

우리나라에서 설날에 떡국을 먹듯 일본인들은 해가 바뀌는 시점에 소바를 먹는다. 장수를 기원하며 먹는 이 소바는 '도시코시소바'라 불린다. 소바를 전문으로 하는 음식점에서 100% 메밀 함유량을 자랑하는 '주와리소바'부터 90% 비율인 '소토이치'. 80% 비율인 '니하치' 등 다양한 종류의 소바가 있다. 밀가루가 첨가된 비율만큼 제각기 맛이 다르기 때문에 이를 다양하게 즐기려는 사람들도 많다. 껍질을 벗긴 배유 부분으로 만든 가루를 1번 분이라 하며, 껍질의 함유량에 따라 2번, 3번 분으로 구분한다. 일본인이 사랑하는 3대 소바와 우동 지역은 다음과 같다.

소바

시마네 현 이즈모 소바
이와테 현 완코 소바
나가노 현 도가쿠시 소바

우동

가가와 현 사누키 우동
군마 현 미즈사와 우동
아키타 현 이나니와 우동

양식

수제 햄버거

#감튀필수 #밀크쉐이크

햄버거는 패스트푸드라는 인식이 강하지만 수제 햄버거 가게가 늘어나면서 충분히 정성 가득한 이미지로 변신했다. 아보카도나 치즈가 가득 들어간 햄버거, 비건 햄버거도 있으니 취향에 맞는 햄버거를 즐겨보자.

〈수요미식회〉 맛집 가이드

다운타우너 서울시 용산구 이태원로42길 28-4

브루클린 버거 더 조인트 서울시 서초구 서래로2길 27

아이엠어버거 서울시 마포구 와우산로30길 13

양식

빠에야

#지구반대편에서 #묘하게느껴지는우리입맛

✦

유럽에서도 쌀이 생산되는 곳인 스페인 발렌시아 지역에서 만들어진 빠에야는 쌀로 조리한 요리라 그런지 우리 입맛에도 딱 맞다. 넓은 철판에 기름을 두르고 만든 볶음밥처럼 보이지만, 각종 재료와 육수, 쌀을 넣어 밥을 짓는 과정으로 만들어지는 밥 요리다. 전통적인 빠에야는 농부들이 먹던 음식으로 빠르게 먹고 다시 일하러 가야 했기 때문에 한 그릇씩 나눠 먹지 않고 큰 철판을 중간에 두고 함께 나눠 먹었다. 빠에야를 제대로 만들면 소까라(Socarrae)이라 불리는 누룽지가 생겼는데, 스페인이나 한국이나 밥이 눌어붙어 생긴 누룽지는 최고다.

✦

프랜차이즈

아웃백 투움바 파스타

#부시맨빵도잊지말아요

✦

패밀리 레스토랑이 망해도 이것만은 살아남을 것 같다는 '아웃백 투움바 파스타'. 크림 파스타에 고추가 들어가 크림 특유의 느끼한 맛을 매콤하게 잘 잡아주어 자제하지 않으면 끝없이 들어갈 것 같은 파스타다. 매장이 줄어들어 예전만큼 자주 사 먹을 수는 없지만 명실상부 아웃백을 살리고 있는 효자 메뉴. 아웃백에 방문했다면 립아이와 세트로 먹는 것이 일반적인 코스다.

✦

한식

비빔밥

#저는양푼비빔밥이요 #청국장이랑대박

비빔밥의 유래는 세 가지가 있다. 첫 번째는 제사를 지낸 뒤 후손들이 음식을 나눠 먹을 때 밥을 비벼 먹었다고 해서 시작했다는 설, 두 번째는 한 해의 마지막 날 새해를 맞이하기 전에 남은 음식을 모두 정리하기 위해 반찬을 모두 비벼서 먹었다는 풍습, 세 번째는 모내기나 추수를 할 때 시간을 절약하기 위해 재료를 한꺼번에 가지고 나가서 비벼 먹었다는 설이 있다.

프랜차이즈

북촌손만두

#만두먹부림 #만두축제

✦

메뉴

만두류	북촌튀김만두, 큰모듬만두, 갈비만두, 굴림만두, 명물찐만두, 새우만두, 새우튀김만두, 새끼만두, 모듬만두
식사류	피냉면, 만둣국, 비빔국시, 북촌국시, 열무국시, 열무냉면, 멸치칼국수, 만두곰탕, 만두육개장, 얼큰만둣국, 얼큰해물만둣국, 얼큰해물칼국수, 얼큰해물칼만둣국
세트메뉴	떡갈비피냉면, 떡갈비비빔국시, 떡갈비멸치칼국수, 떡갈비만둣국

✦

한식

육개장

#의외로맥주랑어울려요

✦

육개장은 지역마다 만드는 방법이나 넣는 재료가 조금씩 다르다. 서울은 양지머리를 푹 고아 결대로 찢어 대파를 넣어 끓인다. 경상도에서는 토란대, 고사리, 대파, 숙주나물 등을 넣고, 전남 해남에서는 토란대 대신 머윗대를 넣기도 한다. 소고기 국물에 제철의 나물이나 채소를 넣고 얼큰하게 끓여 영양가 많은 한 그릇이 완성된다.

✦

일식

오니기리

#삼각김밥 #그렇다최소3개는먹어야한다

✦

영화 속 그 음식

〈카모메 식당, 2006〉

핀란드 헬싱키에 ‘카모메’라는 식당이 오픈했다. 일본인인 주인공은 따뜻하고 정성을 담은 소박한 음식을 선보인다. ‘오니기리’ ‘돈가스’ ‘시나몬 롤’ ‘따뜻한 커피 한 잔’. 낯선 동양인이 운영하는 작은 식당을 호기심 있게 지켜보다가 하나둘 모여들어 동네의 사랑방이 되는 카모메 식당. 평화로운 핀란드의 일상과 카모메 식당에서 벌어지는 소소한 이야기를 만나보자.

✦

분식

#반쯤먹다가 #다대기풀어서매콤하게

지금은 흔한 음식이지만 밀을 수확할 때나 먹었던 별미가 한국전쟁 이후 미국의 구호품으로 밀가루가 들어오면서 누구나 먹을 수 있는 음식이 되었다. 500개가 넘는 칼국수 가게가 있을 정도로 칼국수가 특히 사랑받는 지역은 대전이다. 근대 이후 대전역이 교통의 요지가 되면서부터인 것으로 추측하는 설이 유력하다. 서울에서 목포나 부산까지 달리는 기차들은 보통 중간 지역인 대전역에서 오래 쉬곤 했다. 쉬는 시간을 틈타 남은 여정을 위해 국수로 배를 채운 것이다. 그래서 어르신 중에는 대전을 칼국수의 지역으로 기억하는 경우도 많다. 값싸고 출출한 배를 달래기 좋은 칼국수는 역사와 함께 자라왔다. 사골칼국수, 닭칼국수, 바지락칼국수, 멸치칼국수…. 부드러운 면발에 뜨거운 국물로 하루를 위로해주는 칼국수 한 그릇을 먹어보면 어떨까.

중식

마라탕

#대림동 #홍대 #마라탕성지

✦

마라는 사천요리에서 많이 사용하는데, 얼얼하고 매운맛이 특징인 향신료다. 마라 요리에는 정향, 육두구, 후추, 팔각 등 자극적인 향신료가 듬뿍 들어간다. 단순히 매운맛이 아닌 혀를 마비시킬 만큼 알싸한 맛을 낸다. 마라탕은 훠궈와 비슷한 국물 요리다. 훠궈는 샤부샤부로 끓이면서 먹지만 마라탕은 주방에서 온전히 만들어와 내놓는 요리. 마라샹궈는 마라장을 베이스로 만든 볶음 요리다.

✦

일식

히쯔마부시

#장어덮밥 #보양식 #4등분말고4그릇먹고싶…

✦

나고야식 장어덮밥인 히쯔마부시는 장어 기름이 완전히 빠지도록 구워서 겉은 바삭하고 속은 촉촉한 식감이 특징이다. 히쯔마부시는 세 가지 방법으로 먹는다. 일단 히쯔마부시가 나오면 수저나 주걱으로 4등분을 한다.

첫째. 밥공기에 덜어 장어덮밥 고유의 맛을 즐긴다.
둘째. 밥공기에 덜어 향신채와 와사비를 살짝 올려 가볍게 섞어 먹는다.
셋째. 밥공기에 덜어 오차즈케 국물을 부은 다음 김 가루를 위에 얹어 먹는다.
마지막. 남은 히쯔마부시는 위의 세 가지 방법 중 가장 맛있는 방법으로 즐긴다.

✦

한식

양평해장국

#해장뚝딱 #감기뚝딱 #속풀이맛집

양평해장국은 조선 시대 경기도 양평에서 소의 내장과 선지로 만든 해장국이 한양까지 전해져 유명해졌다. 얼큰한 국물에 선지를 작은 덩어리째 숭덩숭덩 넣고 잘 손질한 소의 내장인 양, 소창, 대창 등을 넣어 씹을수록 고소하고 쫄깃한 식감을 즐길 수 있으며 콩나물을 넣어 더욱 시원하다.

일식

히레가스

#히레는안심 #로스는등심

안심	돈가스, 탕수육, 장조림
등심	돈가스, 구이
목심	소금구이, 제육, 수육
앞다리	제육, 찌개, 수육, 구이
뒷다리	장조림, 찌개, 탕수육, 잡채
삼겹살	구이, 수육, 찜
갈비	양념갈비, 찜, 바비큐

프랜차이즈

맥도날드 빅맥 세트

#참깨빵위에순쇠고기패티두장특별한소스양상추치즈피클양파까지

글로벌 프랜차이즈의 장점은 전 세계 어느 매장에 가도 규격화된 음식을 먹을 수 있다는 것이다. 맥도날드 역시 마찬가지이다(나라마다 조금씩 차이점은 있겠지만). 패티 1장으로도 모자라 2장을 얹은 '빅맥'은 맥도날드 대표 메뉴이자 한국에서도 소위 미국 맛(?)을 가장 쉽게 느낄 수 있는 음식이다. 빅맥은 매년 100여 개국에서 13억 개 이상 팔린다고 알려질 만큼 세계인들이 즐긴다. 전 세계 맥도날드 매장에서 판매되는 빅맥의 가격을 달러로 환산해 각국의 통화 가치를 가늠할 수 있는 '빅맥 지수'까지 있는 것을 보면 빅맥이 상징하는 바가 어느 정도인지 유추해볼 수 있다.

일식

오마카세

#맡긴다 #오늘의스페셜요리

믿고 먹기만 해요!

오마카세는 '맡긴다'는 뜻의 일본어로 요리사에게 재료, 메뉴를 맡기는 것이다. 요리사는 그날의 가장 신선한 재료로 오늘의 스페셜 요리를 선보인다. 스시를 먹는 순서와 종류는 잘 몰라도 제철 생선을 알아서 맛있게 조리해주니 요리사가 준비해주는 순서로 맛있게 먹기만 하면 된다.

양식

리소토

#이탈리아 #파스타리소토둘다좋아요

✦

이탈리아 쌀은 한국 쌀과 다를까?

이탈리아의 쌀은 전분 함량이 높아 차지며, 수분과 향을 잘 흡수하여 부드러운 식감이다. 리소토를 만든 후에도 쌀알이 한 톨 한 톨 모양을 유지된다. 리소토는 찰기가 너무 많은 쌀을 사용하면 식감을 유지할 수 없다.

카르나롤리 (carnaroli)	이탈리아 북쪽에서 재배되는 쌀로 알단테의 식감을 오래 유지할 수 있어 리소토를 만들기에 적합하다. 쌀 자체가 고소해 샐러드에도 사용된다.
비아로네 나노 (vialone nano)	베네토 지역에서 재배되는 쌀로 쌀알의 길이가 짧고 통통하다. 전분이 풍부하여 야채 리소토에 많이 사용한다.
아르보리오 (arborio)	피에몬테 주 아르보리오에서 재배되는 쌀로 쌀알이 크고 밥알이 단단하고 끈기가 높다. 전분이 빠르게 나와 크림 리소토나 수프를 만들 때 사용한다.

✦

다시 한 번

펼쳐 볼까요?

한식

부대찌개

#주말에 #의정부가야지

✦

부대찌개의 완성 '베이크드 빈'

부대찌개를 끓였는데 뭔가 부족한 맛이 난다면 '베이크드 빈'을 넣어보자. 강낭콩을 토마토소스에 졸여 만든 요리로 통조림 형태로 마트에서도 쉽게 구할 수 있다. 토마토와 콩만 들어 있는 통조림부터 햄과 돼지고기가 첨가된 제품도 있다. 영국에서 아침 식사로 달걀, 토스트, 베이컨과 함께 베이크드 빈을 먹는다.

✦

한식

생선구이 정식

#고등어 #삼치 #갈치 #조기 #꽁치

밥반찬, 술안주 모두 아우르는 생선구이. 노릇노릇하게 익은 껍질에 육즙이 가득하고 담백한 생선 살의 조화가 바다의 맛을 그대로 느끼게 한다.

〈수요미식회〉 맛집 가이드

다미	서울 영등포구 국제금융로8길 34
삼천포집	서울 종로구 종로40가길 5
만복기사식당불백전골	서울 마포구 희우정로 121

분식

콩국수

#소금파 #설탕파 #중도파

✦

여름철 더위에 시원하게 즐기는 콩국수. 콩 특유의 담백하고 고소하지만 삼삼한 맛에 설탕이나 소금으로 간을 하여 먹는 경우가 많다. 여러 지역에서 소금이냐, 설탕이냐를 두고 무엇이 더 맛있는지 언쟁을 벌이기도 한다.

소금파: 소금의 짠맛이 콩의 고소하고 단맛을 부각한다!

설탕파: 단맛과 고소함은 절대 진리의 맛이다!

중도파: 아무것도 넣지 않은 오리지널이 최고다!

당신의 선택은?

✦

중식

양꼬치

#양꼬치엔 #○○○

양꼬치만큼 맛있는 사이드 메뉴

꿔바로우	전분으로 만든 튀김옷을 입혀 바삭 쫄깃한 탕수육
옥수수 국수	옥수수면으로 만든 국수
건두부 볶음	꼬들꼬들한 건두부를 고추기름이나 굴 소스를 이용한 볶음요리
오이 양장피	오이 초무침과 비슷한 맛으로 양꼬치의 느끼한 맛을 잡아주는 요리
마라탕	얼얼한 맛을 내는 향신료인 마라를 이용해 만든 탕

중식

고추잡채

#꽃빵 #인원수대로주세요

✦

재료

돼지고기 잡채용 200g, 피망 1개, 파프리카 색별로 1/2개씩, 표고버섯 1개, 팽이버섯 1봉지, 양파 1/2개, 부추, 고추기름 약간, 꽃빵은 취향껏

돼지고기 밑간: 미림 1큰술, 간장 0.5큰술, 생강가루, 후추 약간

고추잡채 소스: 굴 소스 2큰술. 진간장 2큰술, 블랙 소이 소스 1/2큰술, 다진 마늘 1큰술, 고춧가루 1/2큰술, 후추 약간

조리법

① 밑간을 한 돼지고기를 고추기름에 볶는다.

② 채소는 채썰고 부추를 제외한 나머지 채소를 소스와 함께 양파가 투명해질 때까지 센 불에 볶는다.

③ 부추를 넣고 숨이 죽을 때까지만 볶는다.

④ 찜통에 4분간 찐 꽃빵을 함께 곁들여 먹는다.

✦

양식

까르보나라

#이탈리아 #생크림노노

✦

까르보나라는 이탈리아에서 석탄을 캐던 광부들이 소금에 절인 돼지고기와 계란만으로 간편하게 만들어 먹었던 것이 시작이다. 이탈리아 현지 까르보나라는 이탈리아식 햄이 판체타, 달걀노른자, 치즈만 사용해 만든다. 우리가 흔히 아는 생크림을 넣는 까르보나라는 미국식이다.

재료(1인분) 스파게티면 1인분, 베이컨 3줄, 달걀 2개, 파르메산 치즈, 후추, 소금

조리법

① 끓는 물에 소금을 넣고 면을 삶는다.
② 도톰한 베이컨을 1cm 크기로 자르고 팬에 볶는다.
③ 달걀 1개에 노른자 1개를 넣고, 파르메산 치즈 30g을 갈아 넣어 소스를 만든다.
④ 면이 익으면 베이컨이 있는 팬에 넣고 베이컨과 섞은 뒤 한김 식힌다.
⑤ 한김 식은 팬에 3의 달걀 소스를 넣고 섞는다. 이때 주의할 점은 팬이 너무 뜨거워 달걀이 몽글몽글하게 익으면 안 된다.
⑥ 접시에 덜고 파르메산 치즈를 듬뿍, 후추는 취향껏 뿌려 맛있게 먹는다.

✦

양식

미트볼 스파게티

#어린이입맛 #어른입맛모두

영화 속 그 음식

〈핸콕, 2008〉

영화 핸콕에서 잠깐 등장하지만 '우와!' 하는 음식이 있다. 바로 주먹만 한 미트볼 하나가 통째로 올라간 미트볼 스파게티. 핸콕이 기차에 치일뻔한 남자를 구해줬는데 그 남자는 감사의 표시로 저녁 식사에 초대한다. 이때 등장한 음식이 바로 미트볼 스파게티다. 술주정뱅이에다가 도시를 엉망으로 만드는 핸콕은 과거의 악동 이미지를 청산하기 위해 감옥에 수감되기도 한다. 이때 미트볼 스파게티가 다시 등장한다. 핸콕에게 미트볼은 가족과 사랑의 맛이다.

프랜차이즈

버거킹 와퍼 세트

#주니어사이즈는사절

✦

버거킹의 대표 메뉴 와퍼는 타사 맥도날드 빅맥과 마찬가지로 세계적으로 사랑받는 햄버거다. 지역이나 각 나라의 입맛과 기호에 맞게 다양한 종류의 와퍼가 판매되고 있다. 한국에는 불고기와퍼, 치즈와퍼, 베이컨치즈와퍼, 통새우와퍼, 더블와퍼가 있다.

✦

동남아식

반미 샌드위치

#고수는취향껏 #후식은베트남커피

✦

반미는 베트남식 바게트다. 프랑스 식민지였던 베트남은 프랑스 바게트의 전통방식을 따르지 않고, 베트남의 주생산 곡물인 쌀을 이용해 바게트를 만들었다. 밀을 사용한 바게트보다 질기지 않고, 가볍고 바삭한 맛이 일품인 반미는 베트남 길거리에서 가장 흔하게 볼 수 있는 빵이다. 반미는 베트남 소고기 스튜인 '보코'에 찍어 먹기도 하고, 샌드위치를 만들어 즐길 수 있다. 반미 샌드위치는 돼지고기를 양념에 재어 숯불로 구워 넣거나, 닭고기를 잘게 찢어 넣기도 하고 미트볼을 넣어서 만들기도 한다.

✦

한식

백반 정식

#기사식당이진리

새로운 동네에서 맛집을 찾기 어려울 때면 동네 택시 기사님들께 여쭤보란 농담이 있다. 동네를 꿰고 있어서 기사님들이 자주 가는 식당들은 맛은 물론 가격이 저렴하고 푸짐한 데다 주차 공간이 넓은 특징이 있다.

가나돈까스의 집	서울시 강남구 언주로 608
감나무집기사식당	서울시 마포구 연남로 25
만복기사식당	서울시 마포구 희우정로 121
윤화 돈까스	서울시 강동구 천호대로 1194
일신기사식당	서울 용산구 효창원로 218

한식

콩나물국밥

#해장국 #다시술을부르는맛

✦

전주식 콩나물국밥 만드는 법

재료(1인분)

콩나물 200g, 오징어 1마리, 청양고추 1개, 멸치육수 1리터, 공깃밥 1공기, 다진 마늘, 새우젓 약간

조리법

① 멸치와 다시마 등을 넣어 육수를 1리터 정도 만든다.
② 오징어는 깨끗하게 씻어 내장을 분리한 후 살짝 데쳐 한입 크기 정도로 자른다.
③ 육수에 콩나물을 넣고 팔팔 끓인 뒤, 콩나물이 익으면 건져내고 새우젓으로 간한다.
④ 뚝배기에 육수를 붓고 콩나물과 공깃밥, 새우젓, 청양고추, 다진 마늘 순으로 올리고 한소끔 끓이면 완성!

✦

한식

제육 덮밥

#노동후든든덮밥 #밥심

✦

식당가 불변의 인기 메뉴 제육 덮밥. 얇게 썬 돼지고기를 고추장 양념에 무쳐 각종 채소와 볶아 밥 위에 올려 먹는데, 특별한 반찬 없이도 간단하게 먹을 수 있는 한 그릇 요리라 바쁜 직장인들에게 특히 사랑받는다. 집에서 해먹을 때도 간단하지만 메인 요리로도 손색이 없다. 유튜브에는 요리하는 사람마다 각기 다른 비법이 담긴 제육볶음 레시피가 있어 영상을 보는 것만으로도 군침이 돈다.

✦

프랜차이즈

페리카나 양념치킨

#후라이드반양념반무많이 #통닭이라고해야제맛

✦

한국 치킨 프랜차이즈 중에서도 초창기에 나온 고참 페리카나. 후발 주자들이 대세로 떠오르기 전까지 페리카나는 한국 치킨 브랜드 중에서도 선두였다. 그중에서도 양념치킨은 따로 치킨 소스를 찾을 정도로 인기가 좋다. 자극적이고 진한 현대의 양념치킨 맛을 선호하지 않는 이들은 여전히 페리카나를 찾을 정도로 마니아층이 상당하다.

✦

중식

기스면

#오늘도전

한자로 풀면 계사면(鷄絲麵). 닭고기로 육수를 진하게 내서 가는 면을 말아 먹는 중국요리이다. '지쓰멘'이라고 읽는데, '지(鷄)'는 닭고기를 뜻하고, '쓰(絲)'는 실처럼 가늘게 채를 썰었다는 뜻이다. 닭 육수가 주는 깔끔하면서도 묵직한 맛이 든든한 요리다. 일반적으로 먹는 짜장, 짬뽕보다 선호도가 낮아 헷갈리는 사람들이 많다. 중식 우동이 좀 더 두껍고 찰진 면발이고, 거기에 국물이 걸쭉하면 울면, 그리고 우동면 대신 얇은 면을 넣은 것이 기스면이다. 오뚜기에서 시판 라면으로 내놓은 제품도 있었으나 현재는 단종되었다.

한식

회덮밥

#일식은지라시덮밥

✦

해안가에서 발달한 요리로 밥 위에 양념장과 신선한 해산물을 얹어 먹는다. 회덮밥에 올라가는 생선과 해산물로는 광어, 연어, 우럭, 참치, 굴, 멍게, 오징어, 한치 등이 올라간다. 밥과 함께 먹기 때문에 든든한 한 끼가 되기도 하고, 생야채의 상큼한 식감으로 잃어버린 입맛을 돋우기도 한다.

✦

양식

감자에그 샌드위치

#감자 #달걀 #마요네즈 #준비끝

달걀은 얼마큼 삶아야 할까요?

시간	상태
6분	노른자가 흐름
7분	노른자 끝이 조금 단단해짐
8분	반숙
10분	노른자 가운데만 촉촉
12분	완숙

오늘은 그냥…
굶을까요?

아니요…

한식

#동지팥죽 #새알듬뿍

✦

뜨겁고 달달하고 짭조름한 팥 국수

쫀득한 새알심이 들어간 팥죽이 먹고 싶은 나의 바람과는 달리 아빠는 직접 밀어 굵게 썰어낸 칼국수 면으로 팥 국수를 만들어 먹었다. 각자 한 그릇씩 앞에 두고 상에 둘러앉아 각자 소금이나 설탕으로 간을 한다. 나는 설탕 한 큰술! 적당히 뿌린 설탕과 팥은 궁합이 좋다. 소금을 넣은 엄마의 팥 국수보다 설탕을 넣은 아빠의 팥 국수가 언제나 인기가 좋았다.

정보화 『계절의 맛』

✦

프랜차이즈

본죽 낙지김치죽

#쇠고기야채죽 #전복죽 #참치야채죽 #그중제일은장조림

죽은 보통 몸이 아플 때 먹어야 한다는 인식이 있지만 본죽은 평소에 끼니로 먹어도 될 정도로 마니아들이 있다. 그중에서도 낙지김치죽은 특유의 얼큰한 맛이 잃어버린 입맛을 돌아오게 할 뿐만 아니라 해장으로도 그만이다. 본죽 베스트 메뉴로도 등극한 낙지김치죽! 부드러우면서도 매콤한 맛으로 오늘의 속을 풀어보자.

* 죽 색깔을 보면 알 수 있듯 매콤하고 얼큰하기 때문에 위장이 아파 죽을 먹어야 할 경우 낙지김치죽을 권하지 않기도 한다.

한식

닭똥집

#쫄깃쫄깃 #술안주 #효능은피부노화방지

✦

정말 그 부위일까?

쫄깃한 식감이 일품인 닭똥집은 닭의 모래주머니인 '근위'를 말한다. 근위는 닭의 위와 연결되어 있어 닭이 먹은 먹이를 잘게 쪼개는 작업을 한다. 많이 움직이는 부위라 근육이 발달하여 쫄깃한 식감을 갖게 된다. 닭똥집은 소금구이, 튀김, 양념을 이용한 요리가 있다, 특히 고소하고 짭조름한 양념으로 버무려진 닭똥집은 술안주로 즐기기에 딱이다.

✦

한식

돼지국밥

#부산 #국밥로드

✦

돼지 뼈로 우린 국물에 돼지고기와 밥을 넣은 국밥으로 부산의 대표 음식이다. 돼지국밥은 부산, 밀양, 대구에서 각기 다른 방식으로 발전해왔다. 내장이 많이 들어간 대구식, 소뼈로 육수를 낸 밀양식, 돼지 뼈로 육수를 낸 부산식. 부산 돼지국밥의 인지도가 높아져 부산 대표 음식으로 자리 잡았다.

✦

삼각김밥

#컵라면에삼김

✦

스테디셀러 3대장 참치마요, 전주비빔, 소고기고추장부터 크랩참치, 붉은대게딱지장, 만두볶음밥, 갈릭버터랍스타, 치즈닭갈비, 통스팸, 불닭볶음밥, 진미채, 벌교꼬막, 멸추, 떡갈비, 치킨마요, 참치김치… 한국 간편식의 진화는 어디까지일까. 삼각김밥 매대만 봐도 현재 한국에서 어떤 음식이 인기가 있는지 알 수 있을 듯하다.

✦

양식

타코

#멕시코 #토르티야 #나초 #과카몰리

✦

낯선 식재료, 어디서 구매할까?

사러가
www.saruga.com

퀄리티 좋은 식자재뿐 아니라 쉽게 구할 수 없는 해외의 낯선 식자재도 판매한다. 온라인몰이 있어 인터넷 주문도 가능하다.

마켓컬리
www.kurly.com

다양하고 퀄리티 좋은 식자재와 수입 식품이 다양하다. 밤 11시까지만 주문하면 다음 날 아침 배송이 오는 장점이 있어 편리하다.

치즈퀸
cheesequeen.co.kr

세일 폭이 넓은 치즈 전문 가게. 치즈뿐 아니라 함께 곁들일 수 있는 하몽, 올리브, 발사믹, 소스 등 품목이 다양하다.

소금집 델리
www.salthousekorea.com

서울 망원동에 위치한 수제 가공육 공방으로 직접 만든 다양한 햄과 베이컨이 있다.

✦

분식

치즈떡라면

#라면과김밥한줄 #찰떡궁합

✦

남이 해주는 음식이 더 맛있다고들 한다. 그중에서도 집에서 끓여 먹는 라면이 아닌 분식집 특유의 라면 맛이 최고이지 않을까. 식당 라면이 더 맛있는 이유는 여러 가지가 있겠지만 밝혀진 바로는 ① 육수 추가, ② 불 조절, ③ 조리 시간, ④ 가볍고 얇은 냄비, ⑤ 면을 주기적으로 건져 올렸다가 놨다 면발 운동을 한다는 것 등이 있다. 오늘은 분식집 라면 중에서도 토핑이 추가된 치즈떡라면을 먹어보는 것은 어떨까.

✦

중식

유린기

#오늘은중국집

17억 명에 가까운 인구, 56개 민족이 사는 중국이다 보니 음식의 종류만도 1만 가지가 넘는다. 모든 이름을 다 알 수 없다 보니 몇 가지 단어만 알아도 대략 요리를 파악할 수 있다. 아래의 조건을 살펴보면 유린기는 '기름을 뿌린 닭고기'로 다양한 채소 위에 튀긴 닭고기를 얹은 뒤, 고추와 간장 소스를 부어 먹는 음식이다.

육(肉, 돼지고기)	탕수육, 라조육
우(牛, 소고기)	우육면
계(鷄, 닭고기, 기라고도 한다)	깐풍기
탕(湯, 국물 요리)	갱(羹) 자가 있으면 녹말이 들어갔다는 뜻
사(丝, 채썰기)	어향육사, 기스면, 류산슬
유(油, 튀기기)	유린기

일식

돈부리

#한그릇음식 #간편

✦

돈부리는 밥그릇보다 더 큰 그릇을 뜻하는 말로, 돈부리에 들어가는 덮밥을 '동'이라 부른다. 한국의 덮밥처럼 비벼 먹지 않고 떠먹는다.

가츠동	돈가스를 얹은 뒤 양파와 달걀을 풀어 끓인 소스를 얹은 덮밥
규동	소고기를 얇게 저며 양파, 간장 소스에 졸여 올린 덮밥
부타동	돼지고기를 양념하여 올린 덮밥
오야코동	닭고기에 달걀이 풀어져 있는 덮밥
우나동	양념 된 장어가 올라간 덮밥
우니동	성게알인 우니가 올라간 덮밥
차슈동	라멘 고명으로 올라가는 차슈로 만든 덮밥
텐동	일본 튀김인 덴푸라가 푸짐하게 올라간 덮밥

✦

양식

핫케이크

#맥모닝 #올데이메뉴였으면

5,000원으로 즐기는 브런치

맥도날드에서 새벽 4시부터 오전 10시 30분까지 판매하는 맥모닝에 '핫케익 3조각'이라는 메뉴가 있다. 직원이 추천하는 꿀 조합은 바로 '핫케익'과 '딸기 선데이 아이스크림'을 주문하는 것이다. 핫케이크 위에 버터를 올리고 시럽을 쭉 부은 다음 딸기 선데이 아이스크림을 스푼으로 가득 떠 핫케익 옆에 얹는다. 버터와 시럽에 뿌려진 핫케익을 잘라 딸기 선데이에 찍어 먹어보자. 달콤한 풍미가 입안을 가득 채운다. 따뜻한 커피 한 잔과 곁들이면 멋진 카페에서 먹는 브런치 못지않다.

중식

꿔바로우

#탕수육 #깐풍기 #깐쇼새우

✦

꿔바로우와 탕수육은 둘 다 돼지고기를 튀겨 소스를 부어 먹는 요리지만, 이들의 차이는 튀김옷에 있다. 꿔바로우는 감자 전분과 찹쌀을 섞어 튀김옷을 만들고 탕수육은 전분으로 반죽한다. 꿔바로우는 일반 탕수육보다 크고 넓적한 형태로 겉은 바삭하고 속은 쫄깃한 식감을 갖는다.

✦

프랜차이즈

서브웨이 BLT 샌드위치

#세트는음료와쿠키혹은봉지과자 #쿠키맛집

✦

자신이 원하는 재료를 넣어 먹을 수 있는 커스텀 샌드위치 서브웨이. 주문하는 방법이 까다롭다는 풍문에 망설이는 초심자를 위해 간단히 설명한다.

STEP 1 계산대가 아닌 반대편에 줄을 서서 샌드위치 종류를 고른다.

STEP 2 아르바이트생에게 메뉴와 샌드위치 사이즈를 말한 후 빵을 고른다.

STEP 3 치즈를 선택하고 빵을 토스트할 것인지(구울 것인지) 말한다.

STEP 4 빵이 구워지면 샌드위치에 넣고 뺄 야채를 선택한다.

STEP 5 소스를 선택하고 단품 혹은 세트 여부를 결정한 후 계산하면 끝.

'서브웨이 꿀 조합'이 포털 사이트 연관 검색어에 뜰 정도로 다양한 재료를 조합해서 먹는 재미가 있다. 무엇을 어떻게 먹어야 할지 고민이라면 클래식 라인의 BLT 샌드위치를 먹어보자. 오리지널 아메리칸 베이컨 특유의 풍미를 그대로 느낄 수 있다.

✦

일식

경양식 돈가스

#분위기맛집 #돈가스에김치 #스프많이주세요

빵으로 하시겠습니까? 밥으로 하시겠습니까?

1970년대 중국집과 더불어 외식문화의 상징이었던 경양식. 주로 돈가스, 오므라이스, 햄버그스테이크를 팔았다. 메인 메뉴를 주문하면 빵이나 밥 중 고를 수 있는데 빵은 주로 모닝빵이 나왔다. 메뉴가 나오기 전에 크림 수프를 주는데 수프를 조금 먹다가 돈가스가 나올 때까지 기다린다. 갓 나온 돈가스를 크림 수프에 찍어 먹으면 부드러운 크림 맛이 더해져서 돈가스의 맛이 한층 업그레이드된다. 모닝빵을 반절로 갈라 사라다(샐러드)와 돈가스를 넣어 먹으면 경양식 집의 별미다.

한식

찜닭

#안동 #단짠간장소스

✦

안동찜닭의 유래는 확실하지 않다. 안동찜닭은 조선 시대 안동의 안쪽 동네에서 특별한 날 해 먹던 닭찜을 바깥 동네 사람들이 보고 '안동네 찜닭'이라고 부르기 시작한 데서 유래했던 설과 안동 시장 닭 골목에서 지겨운 닭볶음탕에 이런저런 재료를 넣기 시작하면서 찜닭이 생겼다는 설, 치킨집이 많아지면서 새로운 맛을 만들기 시작했다는 설이 있다.

✦

한식

청국장

#구수 #비벼먹으면최고

✦

재료(2인분)

청국장 100g, 무 1/4개, 김치 1/2컵, 두부 1/2모, 쌀뜨물 3컵

조리법

① 뚝배기에 무를 납작하게 썰어 넣고 쌀뜨물을 부어 끓인다.
② 무가 익으면 청국장과 송송 썬 김치를 넣고 마저 끓인다.
③ 청국장이 끓기 시작하면 두부를 넣고, 끓어오르면 바로 불을 끈다.

청국장 만드는 법

① 대두(메주콩)를 6시간 이상 불린다.
② 물을 부어 1시간 정도 끓인다.
③ 한 김 식힌 다음 통에 담아 지푸라기를 넣고 따뜻한 곳에서 2~3일 발효시킨다.
④ 하얀 진이 나오면 발효가 잘된 것이니 덜어서 냉장 보관한다(요구르트나 청국장 발효기 등을 이용하면 편리하다).

윤혜신 『자연을 올린 제철밥상』

✦

한식

평양냉면

#메밀면 #슴슴한맛

언제부터인지 미식가라면 평양냉면을 한 번쯤은 맛봐야 한다는 인식이 퍼졌다. 매콤 새콤한 함흥냉면에 비해 밍밍한 맛의 평양냉면을 먹는다면 처음엔 실망할지도 모른다. 그러나 삼세번의 민족답게 마니아들은 평양냉면을 3번은 먹어봐야 진국을 느낄 수 있다고 입을 모은다. 평양냉면을 즐기지 않았던 『식객』 허영만 화백이 결국 "내 생애 마지막 식사는 평양냉면"이라고 말했을 정도라 하니 평양냉면의 중독성은 뜬소문만이 아닐 것이다.

수도권 지역 평양냉면집 도장 깨기

- □ 남포면옥
- □ 능라도
- □ 봉피양
- □ 우래옥
- □ 정인면옥
- □ 진미 평양냉면
- □ 평양면옥
- □ 을밀대
- □ 을지면옥
- □ 평래옥
- □ 필동면옥

추천 기준: 2018~2019 미쉐린 가이드 소개, 인스타그램 해시태그

분식

닭강정

#순살 #달콤 #떡과함께

✦

닭고기를 기름에 튀겨 양념장에 조려 만든 닭강정. 양념치킨과 비슷해 보이지만 물엿을 더 넣어 단맛이 강하고 식으면 더 바삭해지는 식감이라는 '강정' 조리법에서 차이가 있다. 인천, 춘천, 속초 등 닭강정으로 유명한 지역도 제각각이다. 체인점에 따라 택배로 주문해 먹을 수도 있다.

✦

실망하지 말아요.
오른쪽으로 1장 넘기세요.

▶

한식

돼지 간장 불고기

#덮밥으로도최고 #집에서도해먹어요

✦

재료

돼지고기 앞다릿살 불고기용 300g, 쌈 채소 적당량

양념

간장 1.5큰술, 조청(설탕) 1큰술, 매실청 1큰술, 양파즙 3큰술, 다진 마늘 2작은술, 참기름 2작은술, 다진 생강 1작은술, 후추 약간, 깨소금 약간

조리법

① 앞다릿살은 주방 타월로 핏물을 제거하고 한입 크기로 썬다.
② 양념 재료를 섞어 앞다릿살과 무친다.
③ 달궈진 팬에 무쳐진 앞다릿살을 센 불에서 노릇하게 볶는다.
④ 고기와 씻어둔 쌈 채소를 곁들여 낸다.

윤혜신 『자연을 올린 제철밥상』

✦

한식

돈가스 냉면

#대리님추천 #도전해볼게요

누군가에겐 돈가스와 냉면을 한 그릇에 먹는다는 것이 생소할 수 있지만 의외로 환상의 궁합을 자랑한다. 맨 먼저 바삭한 돈가스를 한입 베어 물고 국물에 푹 젖지 않게 살포시 옆으로 옮긴 후 면을 풀어 입안 가득 냉면 면발을 들이키면 돈가스의 기름기가 냉면의 상쾌함에 씻겨 내려가 맛을 한층 배가시킨다. 물냉면, 비빔냉면 어디든 조화로우며 돈가스를 달착지근한 냉면 국물에 적셔 먹어도 맛있다.

매콤돈가스&칡냉면 — 서울 마포구 방울내로7길 17

주누돈가스냉면 — 경기 성남시 분당구 서현로210번길 14

양식

채끝 스테이크

#칼질하는날 #육즙폭발

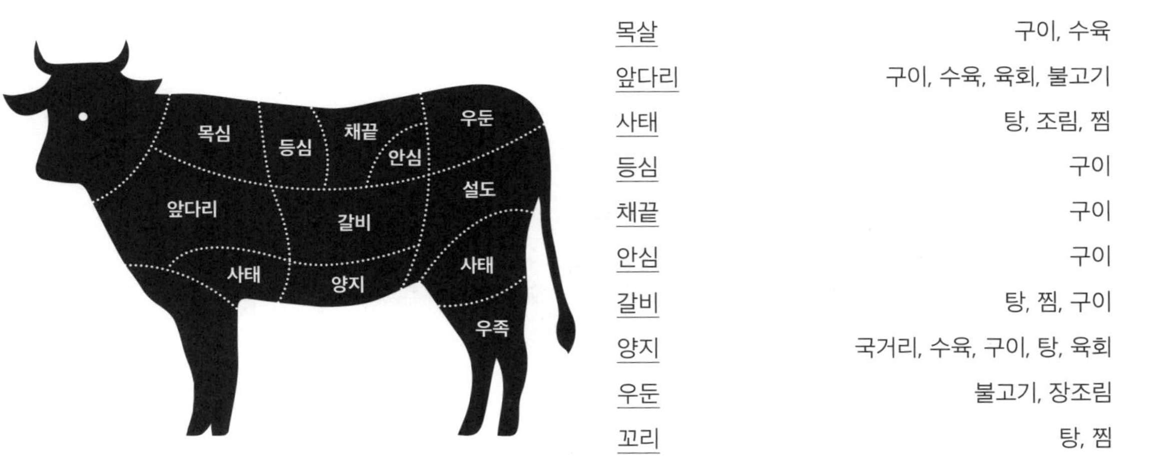

부위	용도
목살	구이, 수육
앞다리	구이, 수육, 육회, 불고기
사태	탕, 조림, 찜
등심	구이
채끝	구이
안심	구이
갈비	탕, 찜, 구이
양지	국거리, 수육, 구이, 탕, 육회
우둔	불고기, 장조림
꼬리	탕, 찜

양식

뵈프 부르기뇽

#소고기와인찜 #프랑스엔뵈프부르기뇽 #한국은갈비찜

영화 속 그 음식

〈줄리 앤 줄리아, 2009〉

계약직 공무원으로 일하는 줄리는 일상의 지친 마음을 다독이기 위해 요리 블로그를 시작한다. 프랑스 셰프 줄리아의 책에 나오는 542개 요리를 블로그에 소개하고자 한다. 영화에서 가장 비중 있게 나오는 뵈프 부르기뇽은 셰프 줄리아가 가장 잘하는 요리. 뵈프 부르기뇽은 레드와인에 소고기와 채소를 푹 고아 만든 음식이다. 하지만 블로거 줄리는 매번 실패하고 만다. 영화는 과거의 요리사와 현재의 요리 블로거를 교체해 보여주는데, 두 사람의 요리에 대한 열정과 그들의 삶을 보여준다.

프랜차이즈

스타벅스 에그에그 샌드위치

#포근포근 #보들보들 #중독주의

✦

촉촉하고 고소한 달걀의 맛이 그대로 느껴지는 에그에그 샌드위치. 달걀 샐러드가 식빵 가득 넘칠 듯이 끼워져 있다. 340kcal로 칼로리가 높지 않은 편이다. 커피 음료와 함께 간단하게 한 끼 먹고 싶은 이들에게 인기가 좋다.

✦

한식

돼지갈비

#숯불 #달콤 #갈비추가요

달콤 짭조름한 양념에 푹 재워 감칠맛 나는 돼지갈비. 남녀노소 좋아하는 돼지갈비는 불판 위에서 양념이 타지 않게 굽는 게 포인트다.

〈수요미식회〉 맛집 가이드

<u>안동돼지갈비</u> 서울시 용산구 장문로 112

<u>종점 숯불갈비</u> 서울시 양천구 목동중앙북로7가길 43

한식

김치볶음밥

#반찬없을때 #입맛없을때 #아는맛이최고의맛

✦

입맛 없을 때 간단한 재료로 해 먹기 좋은 김치볶음밥. 잘 익은 김치가 볶음밥 특유의 느끼함을 잘 잡아준다. 김치만 넣은 오리지널도 맛있지만 자신이 좋아하는 다른 재료와 함께 먹어보자.

① 스팸 김치볶음밥

② 참치 김치볶음밥

③ 달걀 김치볶음밥

④ 베이컨 김치볶음밥(베이컨 대신 차돌박이 혹은 대패삼겹살로 대체해도 무방!)

⑤ 깍두기 볶음밥

오늘 당신의 선택은?

✦

한식

돌솥비빔밥

#달걀프라이는반숙으로 #지글지글 #살짝눌은게최고

겨울철 더욱 생각나는 따뜻한 돌솥비빔밥. 밥과 고기, 고추장, 색색깔로 올라간 각종 채소가 눈을 즐겁게 해줘 식욕을 더욱 돋운다. 자글자글 끓는 돌솥이 밥의 온도를 유지해 끝까지 따뜻하게 먹을 수 있다는 것이 돌솥비빔밥의 장점이다. 고기를 빼면 비건식으로도 알맞다.

집에서 돌솥비빔밥 간단하게 해 먹기

① 찌개용 뚝배기에 들기름(참기름)을 두르고 밥을 얹는다.
② 냉장고에 남은 나물(손질된)을 넣는다.
③ 달걀 프라이까지 올려 세팅하고 센 불에 올린다.
④ 1~2분 뒤, 밥이 눌은 향이 나면 불을 끄고 고추장에 비벼 먹는다.

한식

아귀찜

#아귀나름귀여워요 #매콤매콤

✦

닭갈비, 제육 등 고기볶음에 질렸다면 해물 볶음은 어떨까? 아귀에 콩나물을 산처럼 듬뿍 올려 매운 양념과 함께 끓인 아귀찜. 아귀라는 생선은 30년 전만 해도 쓰임이 거의 없어서 버려지는 경우가 흔했다. 어느 날 어부들이 아귀를 가지고 선술집에 가서 술안주로 만들어 달라고 한 것이 시초가 되어 경남 마산을 중심으로 전국에 퍼졌다. 쫄깃하고 특유의 감칠맛이 돋보이는 별미 아귀찜, 한번 맛보면 계속 생각날지도 모른다.

✦

분식

비빔국수

#삶은달걀 #양푼한가득

✦

김수미 비빔국수, 백종원 비빔국수, 강식당 비빔국수… 다양한 비빔국수 레시피가 있는 만큼 비빔국수는 양념장과 손맛이 좌우한다. 여기에 배추김치, 열무김치, 달걀, 골뱅이 등 입맛에 따라 재료를 토핑하면 더 풍성한 비빔국수가 된다. 여러 고명을 조리해두어야 하는 잔치국수나 간장국수와는 다르게 양념장 하나만 만들면 되니 좀 더 간편하게 즐길 수 있다.

✦

중식

마파두부

#요리왕비룡 #얼얼 #두반장

이금기만 있으면 실패 없다

마파두부 소스, 두반장, 굴 소스를 사면 빨간 배경에 '이금기'라고 적혀 있는 라벨을 볼 수 있다. 이금기 회사는 1888년 중국 이금상 씨가 굴 소스를 개발하면서 설립한 회사다. 현재 본사는 홍콩에 있고 중국, 말레이시아, 로스앤젤레스에 공장을 가지고 있다. 두반장, 굴 소스 외에도 간장, 치킨 파우더, 해선장 등 중식과 아시아 음식에 두루 사용할 수 있는 소스를 생산한다.

일식

데리야키 덮밥

#치킨데리야키 #연어데리야키

✦

데리야키는 간장과 미림(일본식 맛술), 설탕으로 소스를 만들어 생선, 고기 등에 소스를 발라서 윤기가 나도록 굽는 것을 말한다. 초벌구이한 후에 여러 번 양념을 발라가며 구우면 되는데 당 성분 때문에 점차 윤기가 난다. 돼지고기 목살구이, 닭꼬치, 장어구이, 볶음밥, 생선구이 등에 두루 활용할 수 있는 만능 소스로 요리에 자신이 없더라도 데리야키 소스를 활용하면 맛깔나는 음식을 만들 수 있다.

✦

일식

하이라이스

#안녕 #라이스 #해물넣어도맛있어요

✦

이름도 귀여운 그 이름

급식에서 처음 만난 하이라이스는 카레의 친구쯤으로 여겼다. 밥이 인사한다며 킥킥거렸지만, 이 하이라이스의 이름은 일본의 하야시라이스(hayasi rice)가 한국으로 넘어와 하이라이스가 되었다. 하이라이스는 얇게 썬 쇠고기와 양파를 버터에 볶아 데미그라스소스를 넣어 만든다. 토마토소스와 레드 와인을 넣으면 더욱 진한 맛의 하이라이스가 된다.

✦

양식

쿠스쿠스

#좁쌀아님 #요즘엔건강식 #슈퍼푸드

✦

세상에서 가장 작은 파스타

쿠스쿠스는 세몰리라라는 밀가루에 수분을 가해 만든 좁쌀 모양의 아주 작은 파스타로 작게 자른 채소와 함께 올리브오일, 소금, 후추, 레몬즙 등으로 소스를 만들어 섞어내면 훌륭한 샐러드 파스타가 완성된다.

<u>재료</u>

쿠스쿠스 1컵, 토마토 1개, 오이 1/3개, 파프리카 1개, 파슬리 1줄기, 레몬즙 3큰술, 올리브오일 3큰술, 바질 4장, 레지아노 치즈 1/3컵, 소금, 후추 약간

<u>조리법</u>

① 쿠스쿠스를 뜨거운 물에 5분 정도 담가 놓고 불어나면 체에 밭쳐 물기를 제거한다.
② 토마토, 파프리카, 오이를 1cm 크기의 큐브 모양으로 자른다.
③ 올리브오일, 레몬즙, 레지아노 치즈를 갈아 넣고 소금, 후추를 넣어 섞는다.
④ 큰 볼에 식혀둔 쿠스쿠스와 드레싱을 뿌리고 바질과 파슬리를 다져 섞는다.

✦

프랜차이즈

도미노 포테이토 피자

#최애피자 #갈릭디핑소스추가요

‘인생 피자 콘테스트’에 참가한 10만 명의 도미노 고객이 뽑은 피자 중 3위를 차지했다. 1위 블랙타이거 슈림프, 2위 블랙앵거스 스테이크가 비교적 최근에 출시된 피자라는 점을 감안한다면 포테이토 피자의 마니아층은 매우 탄탄하다고 볼 수 있을 것이다. 도미노피자에서 꾸준히 신메뉴가 출시되어도 포테이토 피자는 오랫동안 자리를 지키고 있다.

한식

돼지 두루치기

#자작한국물 #갓지은밥 #두부두루치기

두루치기와 제육볶음 사이에서

경계가 모호한 두루치기와 제육볶음은 조리법으로 분류할 수 있다. 두루치기는 고기에 채소와 양념을 넣고 볶다가 물을 붓고 끓이는 것이고, 제육볶음은 고기에 양념을 재운 후 물기가 거의 없게 볶는 것이다. 하지만 만드는 사람에 따라 두루치기인데 물기가 거의 없게 만들기도 하고 제육볶음인데 국물을 자박하게 만들기도 한다. 두루치기든 제육볶음이든 이렇게 저렇게 만들어도 항상 맛있다.

한식

물회

#한국인의밥상 #물회아저씨

어부들이 바로 잡은 생선으로 끼니를 해결하기 위해 고추장과 물만 준비해 배에 올랐다. 경상남도와 제주도에서는 된장으로 양념을 하고, 경상북도와 강원도에서는 고추장을 기본으로 하여 양념을 한다. 일부 강원도의 물회에는 식초가 첨가되어 새콤하게 먹는다. 싱싱한 제철 회와 아삭한 채소, 칼칼하고 시원한 육수까지 더 해지면 여름철 별미로 그만이다.

한식

복국

#귀엽지만독있는무서운애 #조심하세요

✦

복어에는 독이 있어 잘못 손질한 복어를 먹으면 목숨을 잃기도 한다, 어종이나 부위에 따라 위험 정도는 다르며, 우리나라와 일본을 제외하면 복어를 먹을 수 있는 나라는 드물다고 한다.

먹을 수 있는 복어　　복섬, 흰점복, 졸복, 매리복, 검복, 황복, 눈불개복, 자주복, 검자주복, 까치복, 금밀복, 흰밀복, 검은밀복, 불룩복, 삼채복, 강담복, 가시복, 브리커가시복, 쥐복, 노란거북복, 까칠복

국립수산과학원

✦

한식

차돌박이

#배부르게먹으려면 #몇인분이어야하죠

✦

야들야들해서 입에 넣으면 사르르 녹는 차돌박이. 소고기 부위 중에서 양지머리뼈의 한복판에 붙은 고기다. 매우 얇아서 익는 속도가 빠르다. 보통 얇게 썰어 구워서 소금에 살짝 찍어 먹거나 된장찌개에 넣어 끓여 먹는다. 숙주 볶음, 떡볶이에 섞어 먹거나 볶음밥으로 해 먹어도 별미다. 우삼겹과 비슷해 보이지만 우삼겹(업진살)은 소 배의 중앙 아랫부분에 위치해 부위가 엄연히 다르다. 차돌박이는 살코기와 지방이 조화롭게 섞인 반면, 우삼겹은 지방과 살코기의 분리가 쉽다는 점도 다르다.

✦

분식

즉석떡볶이

#라면쫄면사리 #치즈추가 #즉떡

고추장 양념에 떡볶이 떡(가래떡), 어묵, 각종 채소를 넣어 자신이 직접 즉석에서 끓여 먹는다는 의미의 즉석떡볶이. 불판에 올라가 여러 번 양념을 흡수한 떡볶이와는 다른 신선한 맛이다. 쫄면 사리, 만두, 소시지, 치즈 등 토핑도 자유롭게 고를 수 있다.

〈수요미식회〉 맛집 가이드

모꼬지에	서울 송파구 송파대로36길 5-13
애플하우스	서울 서초구 신반포로 50

중식

중국집 우동

#강추 #하얀짬뽕

✦

중국집 메뉴의 숨은 강자. 한번 빠지면 중국집에 가면 자연스레 우동을 주문한다(정말입니다). 하얀 짬뽕 같은 우동은 빨간 국물이 당기지 않을 때 고르면 좋다. 맵지 않고 시원한 국물이 일품인 우동은 하얀 옷을 입고가도 마음껏 국물을 먹을 수 있다. 중국집 우동에 걸쭉한 맛을 원한다면 '울면'을 주문하면 된다.

✦

일식

라멘

#걸쭉돈코츠추천 #가끔탄탄멘 #여름엔냉라멘

✦

돈코츠라멘	돼지 뼈를 푹 고와 진득한 맛이 일품인 라멘
미소라멘	삿포로의 대표 라멘으로 일본식 된장인 미소가 들어간 라멘
소유라멘	닭 육수에 간장으로 간을 한 깔끔한 맛의 라멘
시오라멘	돼지나 닭 육수에 소금으로 간을 하고 돈코츠라멘 처럼 오래 끓이지 않아 깔끔한 맛이 나는 라멘
탄탄멘	매콤한 중화풍 일본 라멘으로 땅콩 소스가 들어가 고소한 맛이 나는 라멘

✦

양식

토마토 파스타

#파스타는제철을가리지않는다

✦

영화 속 그 음식

〈리틀 포레스트:
여름과 가을, 2015〉

도시를 떠나 고향으로 돌아간 주인공이 농사를 짓고 음식을 먹으며 계절을 오롯이 느끼는 영화 리틀 포레스트. 잔잔한 영상미가 돋보이는 이 영화에서 모든 음식이 매력적으로 느껴지지만 그중 주인공이 여름에 땀을 닦으며 크게 한입 베어 물던 토마토가 가장 돋보인다. 그 토마토로 '토마토 파스타'를 만들어 먹는데, 시판 토마토소스는 토마토가 다 갈아져 있지만 리틀 포레스트의 토마토 파스타는 토마토의 모양이 그대로 살아 있다. 끓는 물에 토마토를 살짝 데쳐 껍질을 벗긴 다음 홀 토마토 병조림을 만든 다음 토마토 파스타를 만든다. 영화처럼 병조림으로 만들지 않고 토마토를 뭉근하게 끓여 진한 소스를 만들어도 된다. 시판 소스와 비교되지 않을 정도로 맛있으니 직접 만드는 토마토소스에 도전해보는 것도 좋다!

✦

양식

프리타타

#이탈리아식오믈렛

✦

재료

달걀 4개, 애호박 1/4개, 양파 1/4개, 홍파프리카 1/4개, 감자 1/2개, 우유 1/4컵, 소금, 후추 약간

조리법

① 감자는 먹기 좋은 크기로 잘라 물에 한 번 끓여서 익힌다.
② 애호박, 양파, 홍파프리카도 먹기 좋은 크기로 자른다.
③ 볼에 달걀, 우유, 소금, 후추를 넣고 달걀이 잘 풀릴 때까지 저어준다.
④ 팬에 올리브오일을 두르고 채소를 넣고 살짝 볶다가 감자와 달걀 물을 넣는다.
⑤ 젓가락으로 달걀 물과 소를 1분 정도 저어준다.
⑥ 달걀이 ¾ 정도 익으면 200도로 예열된 오븐에서 5~7분간 완전히 익힌다.

윤혜신, 송지연 『한식으로 양식을』

✦

프랜차이즈

굽네치킨 오리지널

#1인1닭가능 #치킨은역시기본

✦

튀긴 치킨이 지겨울 때 오븐에 구워진 치킨을 먹어보는 것은 어떨까. 다이어터의 입장에선 왠지 구운 치킨을 먹으면 살이 덜 찔 것 같은 기분이 들기도 한다. 그중에서도 오리지널 치킨을 달콤한 소스, 매콤한 소스에 번갈아 찍어 먹어보자. 같이 딸려 오는 구운 달걀도 별미다.

✦

분식

떡만둣국

#사골국물 #멸치육수 #둘다굿

✦

떡국만 먹기 아쉽거나 만둣국만 먹기 아쉬운 사람들이 생각보다 많았던 것 같다. '떡만둣국' 두 메뉴가 하나의 메뉴로 합쳐져 있는 것이 꽤 당연하게 여겨진다. 왕만두 서너 개와 먹기 좋게 어슷썰기로 썬 떡이 사골 육수에 담겨 달걀지단과 김 가루가 고명으로 얹어지면 간단하고도 든든한 한 끼가 된다.

✦

한식

닭도리탕

#닭은언제나 #사랑

✦

초간단 매운 닭찜

재료

토막된 닭 반마리, 감자 1개, 당근 1/3개, 대파 1대, 마른 고추 2개, 표고버섯 3송이

양념

고춧가루 2큰술, 고추장 1큰술, 간장 3큰술, 매실청 2큰술, 다진 마늘 1큰술, 다진 생강 1작은술, 후추 약간

조리법

① 닭은 찬물에 씻어 물기를 빼고 감자, 당근, 대파, 표고버섯은 큼지막하게 썬다.
② 냄비에 자른 마른 고추와 닭을 넣고, 닭이 노릇해질 때까지 중간불에서 볶는다.
③ 닭이 노릇해지면 채소를 넣고 살짝 볶는다.
④ 물을 자작하게 붓고 양념 재료를 모두 넣어 20~30분간 끓여 완성한다.

✦

분식

편의점 도시락

#어느것을고를까요

✦

1인 가구, 혼밥족의 영향인지, 24시간 오픈되어 출출할 때 바로 한 끼를 먹을 수 있기 때문인지 편의점 도시락의 인기가 점점 거세다. 한국의 편의점 대표 3사는 도시락 전쟁이라도 벌이듯, 트렌드를 반영한 도시락을 출시하고 있다. 한식 메뉴를 고려한 집밥 도시락부터 중식이나 일식을 접할 수 있는 이국적인 도시락(장어 도시락 등), 비건 도시락에 이르기까지 주 소비층과 마니아를 다 잡기 위한 여러 도시락이 손님들을 기다리고 있다. 편의점 애플리케이션을 통해 도시락도 주문해 먹을 수 있으니 이보다 더 간편하고 빠르게 먹을 수 있는 식사가 있을까.

✦

양식

아보카도 샌드위치

#아보카도씨앗발아 #언젠가성공

낯설고 불편한 맛, 손에 쥔 아보카도의 그 감촉

아보카도를 고르려 손에 살짝 쥐고 있으면 처음 느꼈던 낯선 촉감이 더불어 생생해진다. 반복되는 일상이 어쩐지 지겹다 느껴진다면 새로운 맛, 불편한 맛을 찾아 용기를 내보는 건 어떨까.

아보카도 오픈 샌드위치

재료　삶은 달걀 1개, 아보카도 1/2개, 호밀빵, 올리브오일, 소금 약간

조리법
① 호밀빵을 마른 팬에 살짝 구워준다.
② 아보카도를 으깨 호밀빵에 바른다.
③ 삶은 달걀을 편으로 썰어 올리고 올리브오일과 소금을 약간 뿌린다.

정보화 『계절의 맛』

양식

리코타 치즈 샐러드

#집에서만드는치즈 #참쉽죠

✦

리코타 치즈는 우유와 레몬주스만 있다면 집에서도 간단하게 만들 수 있다. 취향에 따라 샐러드에 넣거나 빵이나 과자에 발라먹는다. 리코타 치즈에 설탕, 바닐라 향, 초콜릿 칩을 넣어 달콤한 스프레드로도 만들 수 있다.

재료　우유 2와 1/2컵, 생크림 1/2컵, 레몬주스 1큰술 반, 소금 1큰술 반

조리법
① 냄비에 레몬주스 외 모든 재료를 넣고 중간 불에서 우유가 끓을 때까지 5~7분간 끓인다.
② 우유가 끓기 시작하면 레몬주스를 넣는다.
③ 몽글몽글한 알맹이가 적당히 올라오면 불을 끄고 거즈에 걸러낸다.
④ 물기가 적당히 빠지면 만들어진 치즈를 용기에 담아 냉장 보관한다.

윤혜신, 송지연 『한식으로 양식을』

✦

한식

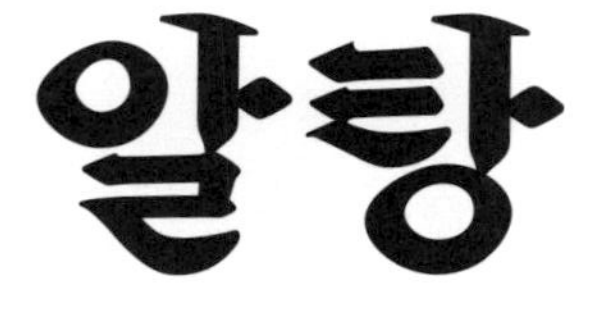

#명란은우리나라꺼 #명태야돌아와

✦

알탕은 명태의 알인 명란을 넣고 끓인 음식이다. 명태는 워낙 이름이 많은 생선인지라 들을 때마다 알면서도 헷갈린다. 그물로 잡으면 망태, 낚시로 잡으면 조태라고 한다. 싱싱한 생선일 때는 생태, 얼리면 동태, 말리면 북어다. 얼렸다 녹였다 얼리면 노래지면서 황태, 내장과 아가미를 빼고 다섯 마리씩 묶어서 말리면 코다리, 하얗게 말리면 백태, 검게 말리면 흑태, 딱딱하게 말리면 강태, 어린 명태는 노가리다. 심지어 잡히는 지역이나 시기에 따라 부르는 이름도 다르다. 강원도에서 잡히는 건 강태, 동지 전후 잡히는 건 동지받이라고도 한다. 한 때 기후 변화와 남획으로 멸종위기에 처했으나 최근 인공수정으로 복원을 시도하고 있다. 러시아산이 아닌 국산 명태를 기다린다.

✦

한식

수제비

#손으로떼어야제맛

재료(4인분)

수제비 반죽(밀가루 3컵, 물 1/2컵, 소금 한꼬집), 감자 2개, 호박 1/2개, 느타리버섯 한 줌, 대파 1대

조리법

① 그릇에 밀가루, 소금, 물을 섞어 부드러워질 때까지 치대다가 비닐에 30분쯤 넣어둔다.

② 멸치는 머리, 내장을 떼고 뜨겁게 달군 냄비에 볶다가 물을 부어 중간 불에서 15분 정도 끓인 다음 멸치는 건져내고 국간장, 소금으로 간을 맞춘다.

③ 감자와 호박은 반 갈라서 1cm 두께의 반달 모양으로 도톰하게 썬다. 느타리 버섯은 가닥가닥 뜯어놓고 대파는 어슷하게 썬다.

④ 간장에 풋고추 다진 것과 나머지 재료를 섞어서 양념장을 만든다.

⑤ 멸치국물에 감자를 넣고 중간 불로 끓이다 투명하게 익으면, 밀가루 반죽을 납작하게 한 입 크기로 떼어 넣는다. 호박, 버섯, 대파를 넣고 호박이 무르게 익을 때까지 끓인다.

양식

감자 수프

#크리미 #짭조름

✦

위로의 음식

회사에서 일이 잘 안 풀릴 때면 옆자리 동료이자 절친한 벗에게 구조 요청을 했다. 세상일 내 마음 같지 않다는 눈빛을 쏘아 보내면, 그녀는 의미심장하게 고개를 끄덕였다. 감자 수프를 먹기 위해서였다. 따뜻한 데다 금방 몸을 데우고 부드러워 체하는 법이 없는, 이토록 자상하고 사려 깊은 음식. 단순하지만 멋스러운 이 수프를 먹고 나면 거짓말처럼 기분이 한결 나아지곤 했다.

하람 『그나저나 당신은 무엇을 좋아하세요?』

✦

한식

주꾸미 볶음

#봄에는알 #가을에는살

✦

주꾸미의 제철은 봄, 가을이다. 봄 주꾸미는 통발로 잡고 가을 주꾸미는 낚시로 잡는다. 봄에는 산란기라 알이 맛있고, 가을에는 쫄깃하고 부드러운 살이 맛있다. 주꾸미는 봄에 산란하기 위해 빈소라 껍데기 속으로 들어간다. 소라 껍데기를 엮어 통발에 넣어두고 주꾸미가 그 안으로 들어가면 걷어 올리는 방식으로 주꾸미를 잡는다. 주꾸미의 금어기는 5월 11일부터 8월 31일까지로 9월이 되면 금어기가 풀린다.

✦

양식

콥샐러드

#푸짐 #은근배불러요

✦

여러 음식을 차릴 때 가장 간단하면서 포만감을 주는 음식이 바로 샐러드다. 그렇다고 채소만 먹기에는 아쉬운 법. 이럴 때 여러 재료를 넣어 풍성하고 다양하게 즐길 수 있는 콥샐러드를 추천한다. 콥샐러드는 미국 요리사 콥(Cobb)이 냉장고에 남은 재료들을 잘게 썰어 만든 샐러드라 붙여진 이름이다. 냉장고에 있는 재료를 모아 푸짐하게 만들 수 있으니 친구들과 파티하기엔 이만한 샐러드는 없지 않을까.

김형준 『그 남자의 한 그릇』

✦

한식

소라무침

#바닷소리 #새콤달콤초고추장

✦

어디론가 멀리 떠나고 싶지만, 떠나기 힘들 때 음식으로 위로받아보면 어떨까. 여행지를 생각하며 먹는 재미가 있다. 소라를 데쳐 새콤한 양념장에 버무리고 낮술을 할 때 바로 그 재미가 배가 된다. 여행지가 아닐지라도 여행의 행복과 여유를 얼마든지 느껴볼 수 있다. 해가 비치는 시간에 낮술하고도 잘 어울린다.

마지 『퇴근 후 한 잔』

✦

프랜차이즈

빕스 뷔페

#연어다내꺼 #여기서회식해요사장님

✦

피자, 파스타 등 양식을 마음껏 먹고 싶다면 빕스 뷔페에 가보자. 게다가 '빕스 연어'는 연어 특별전을 열 정도로 마니아들 사이에서는 꼭 먹어야 하는 유명한 메뉴다. 평일 런치, 2만 원 초반대의 가격으로 다양한 음식을 배부르게 먹을 수 있다는 점 하나만으로 빕스에 갈 만하다.

✦

메뉴 픽 북

: 오늘 뭐 먹지? 고민된다면!

초판 1쇄 인쇄 2019년 11월 22일
초판 1쇄 발행 2019년 12월 2일

지은이 지콜론북 편집부
펴낸이 이준경
편집장 이찬희
총괄부장 강혜정
편집 김아영, 이가람
디자인팀장 정미정
디자인 정명희
마케팅 정재은
펴낸곳 지콜론북

출판등록 2011년 1월 6일 제406-2011-000003호
주소 경기도 파주시 문발로 242 파주출판도시 (주)영진미디어
전화 031-955-4955
팩스 031-955-4959
홈페이지 www.gcolon.co.kr
트위터 @g_colon
페이스북 /gcolonbook
인스타그램 @g_colonbook

ISBN 978-89-98656-91-1 10590
값 9,800원

이 도서의 국립중앙도서관 출판시도서목록(CIP)은
서지정보유통지원시스템 홈페이지(http://seoji.nl.go.kr)와
국가자료공동목록시스템(http://www.nl.go.kr/kolisnet)에서
이용하실 수 있습니다. (CIP제어번호: CIP2019047167)

잘못된 책은 구입한 곳에서 교환해드립니다.
g지콜론북 은 예술과 문화, 일상의 소통을 꿈꾸는 ㈜영진미디어의
출판 브랜드입니다.